U0014112

ENGLISH PASTORAL

An inheritance

明日家園

自然生態與進步價值的衝突與共存，一個農民作家對世代及家族之愛的沉思錄

詹姆士・瑞班克斯
James Rebanks

翁尚均——譯

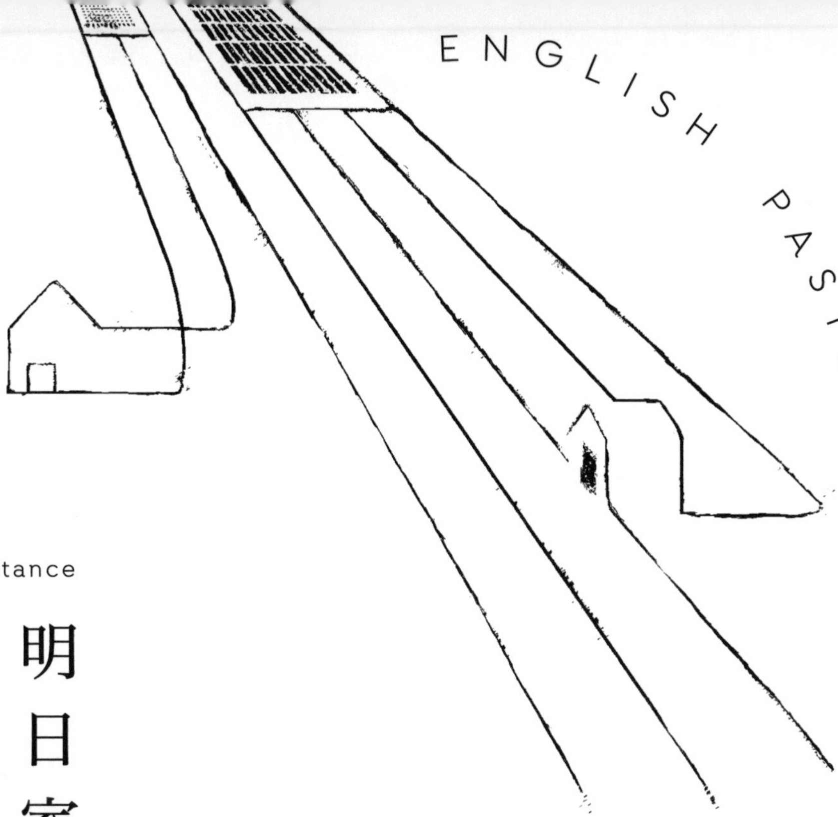

獻給我的摯愛——海倫

各界好評

誠摯推薦

從農作為人生的選項——在農業社會，讀書、接受更高的教育訓練，是脫離原本勞動階級的方法。在這樣的背景下，得到名門學校學位還決定和農場與農事牲畜牛羊為伍，作為人生的志業，顯得惹人注目。瑞班克斯出身英國湖區，自學出身，後來得到牛津大學的歷史碩士學位後，選擇回家繼承農場。每天與品種羊相處的他，並沒有捨棄優雅的文筆和精緻鍛鍊的腦袋思考，把務農心得撰寫成書。他的文筆有自然主義式的關懷，「寂靜的春天」式對自然環境平衡的思索，但也沒有忽略成為農人家族傳承的因素，更有在商言商的實際經營技術。作者博學，「文青」入鄉，很快就發現，尊重自然跟賺錢是一個要取捨的兩難，但過於工業化也無助於提高市場價格，這是另外一個兩難。二〇〇〇年後，英語世界這種入鄉從農的選項，英國有詹姆士·瑞班克斯，美國有哈佛大學畢業與先生務農、著有《我的耕食生活》（*The Dirty Life On Farming, Food, and Love*）的克婷．津寶（Kristin Kimball）。放到台灣，碩士青農入鄉最有名的非宜蘭深溝賴青松穀東俱樂部莫屬，勾起欲親土而不得的都市人無限嚮往。在高度資本主義化、商品化的二十一世紀，成為農人如何可能？脈絡雖然有差別，但頗能參照。而本書作者文筆優美，即便不想這些社會產業轉型大哉問，閱讀已能體會田園旖旎風光了。

——毛奇（飲食文化工作者）

真是一本讀完還會想再讀一次，充滿智慧的好書！表面上講的是農業，但作者以優美清晰且溫柔的筆觸，將歷史、自然、工業發展、現代化等等龐大的系統，整編成人與環境的互動關係。作者的第一手描述，深刻真實，值得所有關心環境與飲食的讀者，細細咀嚼。

——朱慧芳（專欄作家、廣播節目主持人）

這是一部英國農夫家族三代的故事，以細膩散文描述四十年來農村變遷，這也是台灣農業正面臨的處境：傳統農耕帶給土地的負擔，農藥及化肥對環境的影響。瑞班克斯找到了解方，值得一讀。

——余麗姿（《農傳媒》總編輯）

如果相信土壤有真理，你有多久沒有摸過土壤，踏進土壤了？農業和文化以土壤為根，當土壤消失，也許農業將會以另類方式呈現，但文化則會消失殆盡。

——吳東傑（綠色陣線執行長）

作者歷經祖父的傳統畜牧與父親的近代企業式經營，終於選擇回鄉務農，採用生態與農業並重的方式來過活。半農半文的他藉本書指出農業轉型的重點乃在農家與消費者的合力推動，其心路過程足供我國各界參考。

——郭華仁（台灣大學農藝學系名譽教授、著有《種子學》等書）

作者生長於英格蘭一處傳統的畜牧農家，與祖父及父親共同勞動的經驗，為他留下身為農民的驕傲與守護土地的胸懷。作者生動的筆觸留下巨變時代下農業的樣貌，還有許許多多在土地上認真求生的農民心聲。儘管台灣與英國的農耕風貌截然不同，但渴望貼近土地生活的人們，心中確有相同的夢想。現代與傳統，變革與守舊，未必是二者選一的僵局，從作者選擇與生態共存的勇氣中，也看見台灣未來的可能性。相信所有對農業懷抱理想的朋友，都能從本書得到珍貴的啟發。

——賴青松（青松米・穀東俱樂部發起人）

媒體讚譽

瑞班克斯確實是一位珍稀的作者：身為一個湖區農民，他的家族在這片土地已耕種了六百年。他熱切地想挽救鄉村，其優雅的散文風格甚至能吸引最城市化的讀者。他對農耕土地和荒野景觀如何共存以及科技應如何被馴服等事物，都能提出令人耳目一新又切合現實的建議。這是為我們所有人而寫的故事。

——《倫敦標準晚報》（*Evening Standard*）二〇二〇年秋季選書

詹姆士．瑞班克斯擁有一雙敏銳的眼和一顆抒情的心。他的書是顛覆性的，揭露出現代農業殘酷且無視永續性的革命……但本書也呈現了令人鼓舞的一面：瑞班克斯堅持飼養壯健的賀德威克綿羊，同時繼續生產作物，並將麻鷸、蝴蝶以及土壤肥力帶回到他心愛的田野。對於我們這個時代而言，這本書確實至關重要。

——《每日郵報》（*Daily Mail*）年度選書

本書足以稱為傑作。詹姆士．瑞班克斯家族在坎布里亞山上已開闢好幾世紀的田地上務農，他以實用、純淨、富有詩意且幾乎奇蹟般的文字描繪出其中細節，為我們敘述了如何在古老的生活方式裡繼續為生存及重生而奮鬥。這樣的傑作早該問世。

——梅爾文・布瑞格（Melvyn Bragg），《新政治家》（*New Statesman*）年度選書

抒情而富啟發性……城市居民及愛好鄉村者都會深受吸引。

——《獨立報》（*Independent*）非小說類年度選書

今年我最想塞入讀者手中的書非本書莫屬。這本書描述一個農業家族的三代成員，內容深思熟慮、引發共鳴……作者成功將整個英國農業和自然的現代史寫進了數百頁文體優美的篇幅裡，這是一部閃耀動人的瑰寶之作。

——安德魯・霍爾蓋特（Andrew Holgate），《星期日泰晤士報》（*Sunday Times*）自然書寫類年度選書

一首獻給傳統農民和耕作方法的優美輓歌……以可愛動人而又預警的方式，娓娓道出對這片土地及其歷史的自豪、希望和尊重。

——《科克斯書評》星級評論（*Kirkus Starred Review*）

卓越而輝煌……精采而細膩……雄辯滔滔且觸動人心，具說服力，充滿了愛的迫切感。

——《星期日泰晤士報》

本書的力量不僅在於其內容熱情盈滿、說理通達或者論點條理分明，它的重要除了作者深刻的思慮，更因為他同時身在其中，親身經歷。這是一本及時而重要的書。

——《泰晤士報文學增刊》（*Times Literary Supplement*）

讀來令人喜不自勝……瑞班克斯證明了寫作和農事可以是相輔相成的：在田野上長時間工作之餘，他還能寫出一本從古羅馬詩人維吉爾（Virgil）到作家溫德爾·貝瑞（Wendell Berry），延續田園文學傳統之書。

——布萊克·莫里森（Blake Morrison），《衛報》（*Guardian*）

詹姆士·瑞班克斯以激烈且個人的筆觸道出了我們現今耕作和飲食方式面臨的問題，以及如何修正這些問題。本書無疑是我心裡的年度選書。寫作的力道生猛無比，展示出好人即便無心也會對世界造成損害……本書傑出的原因並非獨特論點，而是講述的權利。

他是個農民。和許多以城鎮觀點寫作出來如夢幻般的田野書籍截然不同，他記錄的是確鑿的事實，他管理著自己的土地，將自己的經歷如在熔爐淬煉點燃成為有力的散文。而這不僅僅是出於現實生活的論戰，同時也是一本充滿愛的書：關於他的祖父、孩子及他生活和耕種的湖區山谷……有些書會改變我們的世界。我希望這是其中一本。

——朱利安．格洛弗（Julian Glover），《倫敦標準晚報》

抒情且充滿熱情……從第一段就抓住了讀者的心……瑞班克斯為一個絕大多數人知之甚少的世界點燃了一抹光明……他是為了更健全的鄉野發聲，而不僅僅是片面的宣言……這是一本偉大的作品。

——《文學評論》雜誌（*Literary Review*）

本書是簡潔的農務回憶錄，也是環保的召集令。評斷公允，讓我落淚（兩次）。令我對農業有了新的認識，也令我感受到真正的希望。

——梅麗莎．哈里森（Melissa Harrison），《新政治家》年度選書

我從未見過像詹姆士・瑞班克斯那樣能以雀躍心情在雨中巡視自家農場的人……瑞班克斯和家人的故事不但是英國往昔農業的故事，也反映出英國的農業未來可走之路。

——凱特琳・莫蘭（Caitlin Moran），《泰晤士報》（*The Times*）

雄心勃勃，文體圓熟……瑞班克斯辯才無礙，在泥濘和膽識交織而成的場景中，穿插著從維吉爾到經濟學家熊彼得（Schumpeter），瑞秋・卡森（Rachel Carson）到溫德爾・貝瑞的名言……本書衷心為我們地景中失去的一切事物譜出輓歌，又對尚可復原的事物寫下激動人心的觀點，也為建構更美好的未來喊出集合令。

——《金融時報》（*Financial Times*）

這本關於農業之書讓我非常激動。瑞班克斯是一個真正在農地勤懇工作的農民，同時從維吉爾讀到熊彼得，飽讀書籍。他非常詳細地點出當今問題所在及解決之道。

——安德魯・馬爾（Andrew Marr），《旁觀者》（*Spectator*）

這首輓歌捕捉了英國農業的靈魂——從家庭至難以分割的土地……瑞班克斯的觀察充滿豐富細節。他以一種簡樸的寫作方式隱藏了他的學識（有多少坎布里亞農民可以引用維吉爾的《農事詩》？），像是提及洛里・李（Laurie Lee）的《蘿西與蘋果酒》（*Cider With Rosie*）的段落……這是一本很棒的書。詹姆士・瑞班克斯用心寫作，而他的心都用在正確的地方。我們都該仔細聆聽。

——《電訊報》（*Telegraph*）

本書是瑞班克斯的重磅之作，堪稱近年來數一數二引人入勝的回憶錄，講述了他是如何因為成長於湖區的祖父而愛上牧羊，卻又被父親的貧困和在澳大利亞的魔咒所說服：相信傳統農業應該採用現代技術包括殺蟲劑、化肥促使加速生長。他在其中明白「消費主義奴隸」犯下的錯誤，並記錄如何使他的土地恢復活力及健全生態的過程，他的書寫同時結合了詩人的熱情清晰和誠實者的精明良知。傳統的田園之作幾乎要退縮到訴諸想像的田園文學中，但這本書卻能指出關於環境非常現實的兩難困境。就像其他一流的著作那樣，這本書給你希望和新能量。

——《衛報》

二十一世紀本土出品的《農事詩》（*Georgics*）。

——《羅馬天主教會評論》（*Tablet*）

本書寫出了深植於湖區農場的辛勞和美感……細緻入微、誠實且充滿希望。必讀佳作。

——《地理雜誌》（*Geographical*）

瑞班克斯形容自己為變色龍，在農民和作家的角色之間跳躍。他的最新著作展示了在兩者間轉換的才能，並且為農業的生物多樣性和可持續發展提供了熱情洋溢、文筆優美的論據。

——《獨立報》

文筆優美，見解深刻，吸引著讀者，直到旅程結束……本書是對逝去傳統的哀悼，是對生活方式的頌揚，也提醒著我們，大自然是易碎且終有盡時。瑞班克斯的書寫擲地有聲，值得關注。

——《華爾街日報》（*Wall Street Journal*）當月選書

感謝農業之神——瑞班克斯將其經歷以抒情之筆訴於書中，追溯了他家族土地上四十年三代人的農業因為規模、市場、方法和貿易規則所發生令人難以置信的巨變，而這些變化也已經改變了全世界的農業景象。透過他動人的敘事文采，我們得以一同體驗那些深奧悠遠的生活，不僅共同欣賞他正在學習照料的綿羊和莊稼，也更學會感激那些鄉村間的野生動植物們。

——《紐約時報》書評編輯選書（*New York Times Book Review*, Editor's Choice）

瑞班克斯在英格蘭湖區經營著家族農場，寫下了暢銷書《山牧之愛》（*The Shepherd's Life: A Tale of the Lake District*），在本書中繼續展現了對田園環境的抒情愛戀，更就現代農業問題發表了雄辯觀點。

——《華盛頓郵報》（*Washington Post*）

瑞班克斯畢生的農村時光讓本書具有絕對的說服力，字字句句鏗鏘無比。豐厚的文采更充分傳達出農村生活之美。

——《明尼阿波里斯明星論壇報》（*Minneapolis Star Tribune*）

佳評如潮

優異而感人。

——理查・費納根（Richard Flanagan），布克文學獎得主，著有《行過地獄之路》（*The Narrow Road to the Deep North*）等書

一本稀罕而急迫需要的書……本書的美不僅在於文體，還在於其背後的東西：一種溫和而睿智的感性，寫出人類對土地那洋溢活力的熱忱，同時深刻體認到我們如何集體地、有系統地殘酷對待土地。詹姆士・瑞班克斯以優異的感性筆觸揭示了這種自相矛盾的情況。我們很幸運能擁有這樣的作家。

——普立茲文學獎得主希沙姆・馬塔爾（Hisham Matar），著有《一分為二的童年》（*In the Country of Man*）等書

瑞班克斯所講述關於自家農場的故事，可說是完美無比。是同類作品中最出色的。

——溫德爾・貝瑞（Wendell Berry）

華麗而且令人驚訝，但最終呈現的希望卻又如此光采奪目。一旦適應剛開頭的陌生感，這本書將引領你進入奇妙的天地。

——珀拉・霍金斯（Paula Hawkins），著有《列車上的女孩》（*The Girl on the Train*）等書

一本深切誠摯之作，也是一本勇於期待之書。

——亞倫・貝奈（Alan Bennett）

一本對於農耕童年的生動回憶錄，也是對於幾乎要被消滅的傳統農業提出近似法庭式的辯護。我們這一代人非常幸運，擁有如此敏銳、雄辯和熱情的倡導者，對於未來從事農作和動物養育者如何為土地、土壤和人類的福祉提出真誠且更好的指引。我深深沉醉其中……我一開始閱讀就急著想一口氣讀完，無法想像有誰能不和我一樣。

——菲利普・普爾曼（Philip Pullman），著有《黑暗元素三部曲：黃金羅盤、奧祕匕首、琥珀望遠鏡》（*His Dark Materials: The Golden Compass, The Subtle Knife, The Amber Spyglass*）等書

多麼棒的一本書：生動、熱情、急切，而且對自然世界的警覺和敬畏都令人深深折服。瑞班克斯指出，「如何耕種」這個問題，毫無疑問是人類在過度開發的地球上如何生存下去的關鍵。每個生產食物的人和消費食物的人，都該讀讀這本書。

——菲利普・古列維奇（Philip Gourevitch）

我認為這是自己今年讀過的最好的一本書，也是近年來讀過數一數二重要的書。書中的主題是食物和農業，還有我們如何吃下口中的食物。作者的態度既推崇進步又緬懷過往，不高傲也不感傷，書寫關於家庭和傳統、時間的流逝，以及改變是如何難以避免。文筆優美。他深思熟慮的聲音值得聆聽。但最重要的是，這本書中有一個安靜卻有力的主旨，訴說著關於我們目前在農業、購物、食物和飲食方面的做法缺乏永續性，並且正在摧毀我們的田地和土壤——而這正是文明賴以建立的基礎。每位政策制定者、政治家、農民、消費者，甚至任何吃過食物的人，都應該閱讀本書。這本書讓我因身為英國人而感自豪，同時也為我們所處的現狀感到難過，並希望我們仍能改變。

——亞當・拉塞福（Adam Rutherford）

這時代數一數二重要的著作。任何關心土地的人——實際上，任何購買食物的人——都應該閱讀這本書。作者以謙遜和優雅的筆觸講述了三代人務農的故事（我們哪裡出了問題、該以何種方式加以改變），我們正處於革命的最前線。本書將成為拯救我們土地的指引。

——伊莎貝拉．翠伊（Isabella Tree）

瑞班克斯是一位極具天賦的學生，向大自然之母和傳承幾世代的農民學習了這麼多。這本精采而及時的書，記錄了一位農民為保護家庭、土地、動物和生態系統做出的終生努力。就像溫德爾．貝瑞一樣，他提醒了我們，去哪裡尋找值得認真付出的好工作。

——尼克．奧佛曼（Nick Offerman）

詹姆士．瑞班克斯以洞察力、誠實和對土地根深柢固的熱愛寫作。這本書發人深省，具有挑戰性，核心來自於一個關於家庭、故鄉和不斷變化之地景的故事，美麗細膩。

——奈傑爾．斯萊特（Nigel Slater）

詹姆士・瑞班克斯結合了偉大小說家的描述能力與目睹世界改變之農民的務實智慧。這是一本有關土地的書，深刻而美麗，也教我們如何倚靠土地生活。

——埃德・凱撒（Ed Caesar）

感人肺腑，發人深省，文筆優美。

——詹姆斯・霍蘭德（James Holland）

詹姆士・瑞班克斯是一位優雅的作家，他以獨特的方式描述了世界各地農民目前面臨的挑戰。這本書讀起來很愉快，也很感人，是每個公民都應該閱讀的書。

——帕特里克・霍爾登（Patrick Holden），永續食品信託基金創辦人（Founder of the Sustainable Food Trust）

一本優雅而重要的書。

——珊蒂・瓊絲（Sadie Jones），著有《被放逐的孩子》（*The Outcast*）

本書是一件藝術品。讀來極受滋養，且能獲得基礎知識……這本勇敢而優美的書能啟發感性、建構知性。

——珍・克拉克（Jane Clarke），著有《樹倒下時》（*When the Tree Falls*，暫譯）

農務工作，幾乎與任何工作都不一樣，與許多複雜的脈絡交纏在一起，而瑞班克斯在自己的故事中如此巧妙地捕捉到了這些脈絡：家庭壓力以及忠誠、自我、孤獨，外加一種特殊的同儕壓力……這是幾十年來（甚至可能是我們這一世代）所出版關於我們農村的著作中，最重要的一本。

——莎拉・蘭福德（Sarah Langford）

在他以進步和共生的方式為農地進行長期（良好）搏鬥的同時，也以優美的寫作和男人的情感呈現出充滿詩意且有力的思辨之作。一本急切而重要之書。

——羅伯・考文（Rob Cowen），著有《共同點》（*Common Ground*，暫譯）

詹姆士・瑞班克斯以無比的真情和雄辯的文采，描述出湖區農民的生活。

——湯姆・福特（Tom Fort），著有《投下陰影》（*Casting Shadows*，暫譯）

生動、通俗易懂、鼓舞人心，故事圍繞在一個人創新的土地倫理觀及現代對舊日生活的欣賞眼光。對於任何一個需要咀嚼食物的人來說，這都是一本重要的書。

——凱瑟琳・奧爾托（Kathryn Aalto），著有《書寫荒野》（*Writing Wild*，暫譯）

一部極富感染力、抒情、以個人歷史完成的作品，傳達了湖區消逝景觀的獨特美感，也同時記錄了工業化農耕方式造成的破壞。透過詹姆士・瑞班克斯不同身分（先是孫子、兒子，後是父親）的眼光，我們目睹了傳統農業悲慘的衰落，並了解我們現在必須採取何種措施才能令其重生。這本書喚起讀者對過去和現在英國地景的注意，重要性堪比《蘿西與蘋果酒》。

——喬安娜・布萊斯曼（Joanna Blythman），著有《吃》（*What to eat*，暫譯）

這是一本精采、人性化的書，作者曾目睹許多東西從自家土地消失，如今設法要找回一切、重歸正軌……任何對恢復自然世界感興趣的人，都應該閱讀本書，讓人感動，啟迪人心。

——貝奈迪克・麥克唐納（Benedict Macdonald），著有《鳥類復育》（*Rebirding*，暫譯）

才華橫溢……如此及時。文筆優美，充滿美好回憶，以及對農業神話的透徹分析。

——琳達・李爾（Linda Lear），著有《迷失的森林》（*Lost Woods: The Discovered Writings of Rachel Carson*，暫譯）

充滿強烈的感觸與憤怒，卻也充滿希望，每種情感都同時匯集清晰而複雜的眼光於其中。

——珍妮・林福德（Jenny Linford）

強大、重要，配得上每一個讚譽。

——雷諾・溫（Raynor Winn）

這本書讓我感動得熱淚盈眶，讓我感到興奮和樂觀，作者以無礙的文思簡潔地道出了我一直在思考和感受的事情……這不僅是一本好看的書，而且是如此重要，如此逢時、精采、發人深省又振作人心的讀物。

——凱特・亨伯（Kate Humble）

瑞班克斯以抒情的文筆寫出那段他在湖區農場度過童年的故事，而湖區也因本書聲名大噪；他講述自己如何從父親和祖父那裡明瞭畜牧業和社區的大小事，以及掌握大地的節奏……他的文字浪漫得恰如其分，這是一種高度的評價……瑞班克斯顯然是個奇妙的人，也是一位出色的作家。

——查爾斯・福斯特（Charles Foster）

這本書的出現太棒了，兇猛且溫柔，美麗動人。在深刻的個人書寫裡展現出全球性的意義。字裡行間充滿熱切的愛，關懷之情溢於言表，讓我在閱讀時不只一次熱淚盈眶。瑞班克斯以抒情且熾熱之筆，記錄了籠罩在我們與土地關係間的陰影，並告訴我們該如何重新面對、思考、聯繫、互動。發人深省、充滿急切，同時深深鼓舞人心、充滿希望。這本書和作者，都值得珍藏。

——海倫・麥克唐納（Helen Macdonald），著有《鷹與心的追尋》（*H is for Hawk*）

〈推薦序〉

整座農場都要圍著土地舞蹈

——古碧玲（《上下游副刊》總編輯、全民食物銀行理事長）

如果有機會佇立在英國西北部坎布里亞湖區的田園間，放眼望去廣邈林野，山谷如綠絨毯鋪開，翠染湖光，羊群牛群在百衲布拼花床單的牧地低吟悠走，沒有亞熱帶氣候下的蟲虫蚊蚋叮咬讓人毛躁，立時心凝神釋，若能自在翻滾於草原，宛然烏托邦。可惜這都只是表象。

當農業被設定為「古老的傳統產業」，人類只要有選擇權，莫不急於想從農業現場逃跑，台灣農村有句俗諺：「農村的電火條那有咖，嘛ㄟ偷走。」從農從來不是浪漫的行業，即使在有「青翠怡人之地」的英國亦復如此。

翻開我們的農業數據，二〇一九年的農業就業人口數五十五．九萬，占總就業人口比率為百分之四．九；瑞班克斯開篇就說：「隨著時間流逝，農民越來越少，在人口中的比例正逐漸降低，且越來越無能為力。」英國作為第一個工業國家，曾經歷農村人口以每月五百萬人流向都市的遷徙潮，再美的森川溪湖也挽不回從農人口的失血。

當從農人口銳減，傳統農耕何以為繼？克紹父祖的農地，從祖父身上學到亙古不變的對待土地方式，瑞班克斯開門見山就道出英國非集約農場的窘境。在律師事務所看到記載著上溯自一四二〇年發生土地糾紛的地契與各款文件，最現實的課題是他必須有能力賺到足夠的錢，才能應付各種帳單、償還債務並支付生活開銷，那一刻他成了「農民」，與世上許多堅持傳統農耕法的小農一樣，他得養家活口，又希望採取永續的耕作法保持土地的地力，俾使代代綿延，即使日後土地因世代遞嬗而轉手。

是輓歌抑或頌歌，取決於瑞班克斯自身。如木心的詩「從前慢，一生只夠愛一個人」，在工業化耕作的規模速度與威力以千倍速迎面而來的二十一世紀，他得在繼續堅守著父祖的傳統農牧法之餘，把這景致引人入勝的湖區田園與山谷、河流集水區等連綿成更廣泛的生態系統，走出寂寞的幽境，不再與世隔絕。

做一位農夫，瑞班克斯下筆若極富詩意與哲思的紀錄片導演，歸為「自然文學」的田園書寫一派也未遜風騷。他準確地透過筆觸鏡頭，鋪陳開父祖所學來的田地與畜牧知識，一個好農夫必須懂得善用眼耳鼻手，更得要善待所畜養的犬牛羊，抽時間與牠們在一起，還得認識留鳥候鳥和蜂群的四季動態，乃至於每一株野草花的名號與特質，更要掌握土壤變化與節氣運行。他流暢細膩地穿梭在故事與反覆辯證當中，讓讀者身歷其境般流連忘返於英倫田園間。

當集約農場已蔚為主流，現代化大型機具紛紛開進後，一如台灣的現在進行式——政府單位不斷以「進步」之名，進行各種所謂的「整治」開發工程，坎布里亞湖區當地的「水利局」執行起治理河流計畫，興建系列的溝渠，在河流的兩岸鋪上木板以保持它的整潔，以便更有效率地排掉山谷底部的水，鮭魚賴以休憩產卵的礫石被撿拾歸整，這種人為假「生態」之名的「進步」整治工程戕斷了魚蝦蟹的生路，終將毀滅了溪流的生機。而超市的興起不僅壓低農夫出售貨品的價格，也讓農夫不再要求凡事自給自足。

無可避免地，像許多農村長大的青年般，一旦可以獨立自主就忙不迭地拔腿逃離滯悶乏味的家鄉。瑞班克斯遠赴澳洲的集約式農場工作之旅雖不像奧德賽般困蹇壯闊，卻給予他極大的反思，眼看著伊甸山谷的牧農家翻身成為圈養十二萬頭豬規模的大型業者，利潤空間卻壓縮到可悲的程度，以至於中小型農牧場毫無招架能力，逐一被淘汰。他閱讀經濟學家熊彼得等人著作裡提及，小農絕對會被時代輾壓過去以致消亡；開始反思二戰後所謂「綠色革命」，依賴單一農作所帶來的反挫力，先進的機具長驅直入，農場變成玩軍備競賽似徹底改變地景；畜牧業者扮演起「上帝」的角色，篩檢掉所有不利於「提升產能」的身體特徵等種種現象。他尋索自家農場在現代化單一化甚至慣行農法農作之外的其他可能性，研究英國中世紀的條帶型耕作法。

就像本書原名《*English pastoral: An inheritance*》，最終，瑞班克斯決定保留那些有用的東西，實踐自己傳承自父祖的重要知識與技能，重視簡單的東西，擺脫茶來伸手飯來張口的資本主義分工機制的渾噩舒適狀態。

他心知肚明打算走回舊路亟需時間、信心，盡全力使土地和生態系統再生。如何自如應付各種雪片飛來的帳單，還要照顧自家土地的生物多樣性，能否成功？也許瑞班克斯還會再以他的生花妙筆為我們寫下另一本書，敘說走在這條路的心路歷程與故事。

目錄

各界好評 005
推薦序／**整座農場都要圍著土地舞蹈** 026
序曲／**犁與鷗** 032
輯一／**懷舊** 037

直到那個夏天為止，這段路程一直只是浮光掠影的一片模糊綠色，不具任何意義，但隨著農事教育的開展，我開始認真看待那片田野。那時我還看不出所以然，但我的生活就是那趟路程的一面鏡子。那是進入荒野的路程，和潮流背道而馳的路程，我們踏著與現代相反的步伐，在最後一幅傳統的農業地景中前行。

輯二／進　步　127

田地不是自然的現象，無論是用來種植植物還是飼養牲畜，它都是先犧牲掉一些原始物種才得以開闢出來。開闢和維護一塊田地對某些人而言意味生命，而對另一些人而言卻意味死亡。事情的真相是，我們是生態系統十分殘酷的操縱者，只會將世界改變成可供自己使用的樣貌。

輯三／烏托邦　231

我們站在十字路口，這是面對抉擇的時刻。沒有什麼比設法在這片土地上過我們平凡的日子更重要。我希望女兒能再活一百年。我希望她過著充滿仁慈和喜悅的健康生活。或者在我離世很久之後，她也許會以農人的身分站在同一地點，想起父親曾盡最大的心力照顧這片土地。這是我留給孩子的遺產。這是我的愛。

鳴謝　325

序曲——

犁與鷗

紅嘴鷗跟隨著，彷彿我們是海上的一條小漁船。天空滿是揮動翅膀的剪影與尖聲啼叫的嘴喙，海鷗白色的糞便好像濺在土壤上的奶汁。我坐在曳引機上，擠在祖父背後，因為靠著活動扳手以及套筒工具，背部很是痠疼。

我們正在一片十二英畝[1]的田地上耕作。這裡地處石灰岩高原，遠處略微向下傾斜至伊甸谷（Eden Valley）。這片土地被銀色的乾砌石牆劃分為很長的長方形田。感覺就像我們位於地球頂部，頭上只有雲層。

飢餓的鳥騰上竄下，好像浪在翻滾。飛得最高的那一些就像兒童玩的風箏，翱翔在田野之上，彷彿被一根看不見的線繫定住了。有些鳥兒駐留在半空中，在曳引機後面幾英尺遠的犁頭上方鼓動著翅膀；有些則一動也不動地滑移著，兩條黃腿皺巴巴，一雙眼睛探尋著，距離近到我幾乎搆得著了。一隻鷗鳥悠閒站著，懸著一條彎曲的腿。遠方湖區藍灰色的荒丘起伏，好像一隻巨型睡龍的脊骨輪廓。

六個犁頭將土壤切成絲帶般一條條，閃亮的鋼製犁壁將其剷起，然後顛倒翻轉。地底暗色沃壤暴露在天空下，青草則被埋入地底。斷面上緣閃動著濕潤的光澤。犁溝遍布田野，像波波浪濤洶湧掃過一片廣大的棕色洋面。最新犁出來的顏色較深，先前犁出來的顏色轉淡，而且土質變得又乾又鬆。更多海鷗飛來，聽著風吹向天際四方的聲音。牠們熱切拍動翅膀，飛越田野以及樹林，飛行路線如此筆直，彷彿用尺在地圖上畫出來似的。牠們發現剛被翻過的土，興奮地尖聲鳴叫起來。

曳引機很吃力地駛上山坡，黑色油煙從排氣管噴出來。我只聞到柴油和泥土的氣味。祖父有時轉身向前，有時轉身向後，他的注意力一半集中在犁溝是否平直，利用的是前方比岬角更遠的兩個地標，以引導他的路徑，並確保路徑不致偏移。其中之一是一棵老蘇格蘭松，另一個是遠處山丘一堵牆上的裂縫。他告訴我，曾有一位他認識的年輕農夫利用一個更遠的白色斑點作為引導視線的標記，但最後犁出的溝卻歪掉了，原因是，那個最遠的標記竟是一頭在山坡上來回走動的白色母牛。

1編註：本書全部按原文採英制單位，以便讀者閱讀。

祖父另一半心神放在得不時回頭這件事上，以確保犁在他身後正常運作。所以他的上身就在這兩個角度間扭轉，脖子上的肌肉繃緊，緊韌似革的臉頰上因有銀色的短鬚而顯得粗糙。

鷗鳥停在尚未耕作的壤土上，從鬆軟的地表叼起蚯蚓，但很快又競逐似地飛回天空，在衝刺中瘋狂地拍打翅膀，在獵物可能被奪走前盡快將其吞下。等到大餐安全塞滿肚子，牠們就停在犁後面一百碼或更遠的地方。接著，牠們鼓動翅膀飛回空中並且升至一定高度，隨之再度向下滑行，重新回到曳引機的上方，然後一遍又一遍地重複循環。往前一點，只見白嘴鴉走在田野上，其中幾隻振動起黑翅膀，加入迴旋的鳥群。

金屬劃過石灰岩床，發出呻吟。曳引機突然繃緊了，引擎嘎嘎作響，就像有人將錨拋下，接著金屬吱響，石塊碎裂，犁身稍微抬起，並向前急進，它鬆開了。犁的後方出現一塊被翻上地表的岩石。最大的那些石塊大部分仍被埋住，像是冰山，只有犁溝上方顯現被劃出痕的頂部或是斷離了的碎片。這片耕作不易的農場土壤很淺，所以這種情況一次又一次發生。

夜色悄然逼近，影子都拉長了。海鷗展翼朝向棲所飛去，好像巨型的字母V。在我看來，牠們彷彿戰爭電影中的轟炸機。荒丘在昏暗藍光下顫動搖曳。

岬角的地已經犁過一遍，工作完成，我們要回家了。曳引機前大燈射出鹵素黃的光廊，穿越了將道路上方相接成拱形的枝枒。兔子倏忽穿過曳引機的前方，鑽進路邊的草叢裡。我坐著打哈欠。肥白的星星在藍黑天空中閃爍。曳引機駛回小村莊，只見開了電燈和電視的房屋亮晃晃的，人們在廚房裡走來走去或是無精打采窩在客廳裡。

§

行遠必自邇，這裡就是我的起點。我坐在那輛曳引機的後面，祖父坐在我的眼前，這是我人生中第一次想到「我們是誰」、「田野是什麼」以及「海鷗與犁之間是何關係」等問題。我是一個生活在行將消失之古老農業世界的男孩。我不知道會發生什麼，也不知道為什麼會發生，而且其中有些事要花上好幾年的時間才會影響我家田地，但我覺得那一天可能值得記憶。

這本書講述了那個舊世界的故事以及它的發展。這是一場全球革命的故事，發生在我家那兩座小農場的田野中：父親在伊甸谷那片已出租的農場（那片我們已經離開近二十年的農場），以及往西邊十七英里，祖父那位於湖區荒丘的小農場（今天我在這裡生活和工作）。

這本書是關於我童年時農務的狀況以及後續發展的故事，也包括國內和全球數以萬計像我們這類農民的故事，還有我們為什麼要做現在所做的事（我們之中有一些人正努力化這番行動為正確方針）。

最近四十年來發生在這片土地的事是革命性的，顛覆了數千年以來發生的一切，是我家田地所施行的實驗結果，雖然徹底但成效不彰。

我經歷了那些歲月。

我是見證人。

輯一

懷舊

但在利用鐵製農具耕耘一片陌生的平原前，且讓我們進行研究，以了解那裡吹的風以及多變的天空、當地有些什麼竅門、土地脾性，還有每個地區出產什麼、不出產什麼。

——維吉爾（Virgil），《農事詩》（*The Georgics*）

難就難在看到真正在你眼前的東西。

——約翰·亞歷克·貝克（John Alec Baker），《遊隼》（*The Peregrine*，一九六七年）

健全的農場文化只能以熟悉感為基礎，並且只能於生根定居在土地上的人群中發展；它滋養並保護人類關於土地的智慧，這是任何科技都難以替代的。

——溫德爾·貝瑞（Wendell Berry），〈農業危機是一種文化危機〉（The Agricultural Crisis as a Crisis of Culture），收錄於《美國的不安定》（*The Unsettling of America*，一九七七年，暫譯）

我們靜靜坐在候客室裡，像焦急的烏鴉一樣，彆扭坐在靠背硬邦邦的椅子上。這家律師事務所的創始人從牆上有板有眼的肖像畫中嚴肅地向下俯視。坐在我們旁邊的是一位頭髮稍微灰白的母親與她的女兒。女兒對母親竊竊私語，而她也低聲回答女兒。然後，有個穿著細條紋西服的男人帶她們走上樓梯。

這棟沉悶的辦公樓讓人想起狄更斯的小說，它就位在我們當地小鎮那間砂岩教堂的旁邊。好幾代的鄉村居民都穿上他們最好的鞋子忙進忙出，以便解決各種法律問題，以致磨損了通往大門的台階。

首度提及我家的文件可以上溯到一四二〇年，內容是我家與鄰近教區一位當地貴族有關土地所有權的法律糾紛。我們來到這間至少已處理過我家三代農場法務的律師事務所，為的是要了解我父親遺囑的細節。

我祖父簡單稱呼他的律師叫「查爾斯」，比方稍微涉及一點法律的問題時，他就會說：「最好問問查爾斯的意見。」像我們這樣的小集鎮，長期以來也有少數幾位中產階級的專業人士，他們可以滿足農民以及其他靠土地維生者的需求。

一位貌似見習祕書的年輕女子問我要不要來杯咖啡，因為剛才有位年長的女士輕推了她一下，並小聲提醒她這麼做。但我很快就明白，她真的不知道如何操作咖啡機。她似乎努力想在新工作中好好表現，只是尚未熟悉一切流程。她端杯子的手一直抖，只能尷尬地對我們說：「我不是時髦的咖啡迷。」那位年長女士輕柔但堅定地將她讓到一旁，然後親手煮起咖啡。那位已回到桌子後面的年輕女子似乎想要逃開。我懂得那表情。直到二十幾歲時，我甚至還因不得不與「上流人」（中產階級或是受過大學教育的人）交談而心生畏懼。我在他們面前自慚形穢，若不是變得粗魯無禮就是悶聲不響。都是他們在侃侃而談。他們懂得我不懂的一切。

咖啡才剛端來，那位年長的女士便禮貌周到地陪著我們穿過走廊，走進一個房間，只見那裡陳設一張鬃了亮光漆的桌子，以及幾張圍繞在其四周的皮革椅子。從桌子後方的窗戶看出去，兩隻灰色的鴿子正依偎在板岩屋頂的最高處。有位女士抱著一落用繩子和緞帶紮起來、鼓鼓的舊文件夾，從我們的後方進入房間，然後走過我母親的身邊。

她移身到桌旁，開始自我介紹，並說那些文件都是我家的地契。緞帶解開，卷卷文件鬆散開來，就像肥胖男人解開皮帶，肚腩整個爆凸出來一樣。我巴不得立刻翻閱這堆包藏許多前所未知之故事的文件，並且將其握在手中，但是顯然沒有多少人會在這裡做這種事，因為我們來這裡的目的是聽取她解釋的法律事項；而且整包地契檔案雖已攤開，但個別的地契卻還沒見光，只是躺在桌面而已。

律師開始講話，但我沒把她的話聽進去。她看到我心不在焉也就不再說話。我問她能不能看一下地契。她說可以，並將其中一些推向我，然後開始解釋。前兩三份夾在硬紙封皮下的文件打開了，交到我們手裡，看上去好像張開巨大翅膀的紙板蝴蝶。

在這些文件中，我們看到的是與我家土地有關的書面歷史。蠟質頁面上密密麻麻幾乎都是難以辨認的銅版體手寫文字以及粉彩色調的素描。每張爬滿文字的紙張都以古式的巨大字母開場。酒紅色融蠟封印的四周，圍著認真簽上去的名字。等到習慣抄本的筆跡和田地的素描後，我看出了一個布滿田地名稱和景觀特徵（樹木、溪流、小徑及穀倉）之似熟非熟的世界，彷彿以紙和筆為底片，拍出我所知道的草、石、土壤、樹林以及景觀。還有一些我從未見過的歷史特色註記，像考古似的，都標有「塞爾特人」的字樣。

家族每一塊田地所有權的歷史，都可以在這捆文件中找到，其中並且詳細描述了每次買賣易主的細節，最遠可以追溯到幾個世紀之前。上次看到這些素描的人想必是我的父親或是祖父，而再上一次目睹的人必然是在我們之前於此耕作的農戶。這些地契像是怕被我們的髒手觸摸似的保存在檔案裡，只有當某條邊界有爭議時，當某個地點、某項物品或其他東西的所有權出現爭議時，或是有人去世時，才會查閱這些資料。田地的名稱引起了我的注意：

綠泥塘（Greenmire）
小綠泥塘（Little Greenmire）
斯麥西布羅（Smithy Brow）
高地石溪（High Stoney Beck）
克洛文斯通（Clovenstone）
克洛文斯通里格（Cloven Stone Rigg）
布羅菲爾德（Browfield）
伍德加斯（Wood Garth）
長野（Long Field）

從這捆地契中，可以找到一九六〇年代初期祖父在這裡購買一百英畝土地的交易紀錄。他領著我父親（當時還是個瘦弱的少年）和他姊夫傑克（比他更了解這片鄉野），在某個週日下午開車去「看些東西」。祖父帶他們去看這些地契中提到的幾片雜亂、欠缺維護、圍欄損壞、四處分散、共同構成一個「荒丘農場」的幾片田地。他打算向人借錢並在夏季放牧時節購入牛羊。這花去了他一萬四千英鎊。

父親和母親還從另一位退休農民那裡買進五十英畝土地，而這些土地正好位在我們那幾塊田地的中央，從此，我們就擁有一座完整的農場。到了一九九〇年代，家裡又添購了一筆十六英畝的相鄰土地。不久，這份檔案又增加了一份紀錄，那是我父親去世後數週內，我和妻子在我家房屋後面購進十四英畝土地的契約，因為它很靠近我們的農場，對我們飼養的綿羊和牛很有幫助。

這些地契表明，土地一次又一次從一個家庭轉手給另一個家庭，並提醒我，農場並不是固定的東西，而是隨著世代遞嬗而改變的，因為家庭會購入、出租或賣掉土地。這類歷史是混亂而複雜的，就像大多數家庭的歷史那樣。世人對於土地的依戀會因每一代人的堅持和努力而得以更新，當然也有可能失去。

在律師說話的過程中，我了解到，在英格蘭北部這個農業景觀的角落上，我家庭的未來將取決於我是否有能力從土地（以及其他我想得到的任何方式）賺到足夠的錢，以便支付帳單、償還債務，同時應付生活開銷。十幾歲開始，我就在家裡的農場工作，並負責放牧一群羊，但是那畢竟不一樣。

當我們走下律師事務所那磨損的砂岩台階時，我知道自己現在是「農民」了。

§

父親去世後的那幾個月，是我一生中最難熬的時間。以前我一直想當農夫，我將是把手放在舵輪上的船長；然而當那一刻來臨時，感覺卻很空虛。這個世界似乎是幽暗的灰色陰影。我們那座小山谷的外面，似乎到處都是瘋子：他們選出一些傻瓜，因為憤怒而做出奇怪事情的傻瓜。英國變得四分五裂。在那段歲月中，我突然感到很迷惘。彷彿我一直踩著別人的足跡走下去，一直在與他們交談，在局勢轉為嚴峻時被他們的話語安撫，然後他們消失了。

農場是一個寂寞的地方，如果不與他人分享，則更可悲。而且，隨著時間流逝，農民越來越少，在人口中的比例正逐漸降低，且越來越無能為力。我們的世界感覺很脆弱，好像隨時有可能破裂成小碎片。

§

聯合國說，每個月有五百萬人從農村遷到都市，這是人類歷史上規模最大的移民行動。此一現象中有大部分發生在兩到三代前的英國，即「第一個工業國家」。因此，我們的農村社會如今是地球上數一數二最小的。現在，大多數人都居住在城鎮或都市中，而且往往沒能認真考慮農耕的實際情況，這是世人背離自然界的關鍵時刻。

然而，就事論事，我們仍然深深仰賴土地，因為整個文明都依賴於農業剩餘，這使大多數人免於種植自己食物的麻煩，讓他們能夠去做其他的事。我們不再是工業時代「撒旦黑暗工廠」的奴隸，但仍然有數百萬人不情願地被束縛在接踵興起公司辦公室的辦公桌上。這些人的所作所為就像一兩代前才進城裡謀生，但是很快就會回家，回到鄉下某個地方似的。在大家自稱關心的事情中，很少會比最喜愛的風景或是「自然」更重要，也沒有什麼夢想會比重溫小村莊、農場和茅草屋的怡然情調更持久。在那種夢想中，茅草屋旁有小片的田野，樹籬中散發出金銀花的香澤。

他們曾經稱英國為「青翠怡人之地」，但實際上，英國從來就不全然青翠，也非全然怡人。這是一個生活艱辛的古老國家，幾乎每一英畝土地都被人利用了，但是其中還是有很多好地方。然而有個事實不容否定，養活眾人的鄉村已經發生了變化。它甚至與上一代的鄉村極其不同。古老的農村地景以及生活其中的野生動植物幾乎都消失了，取而代之的是工業化的耕作方式，其規模、速度和威力與之前的任何事物都相當不同。事實證明，這種新的耕作方式在產量上雖然出色，但如今大家知道，它也在生態上造成災難。我們對農作方式的變化了解越多，就越感到不安與憤怒。我們社會是由這種農作方式創造出來的，而今世人越來越不信任它。

在這節骨眼上繼承農場實在糟糕。如今，我必須全權負責，做出有關如何管理土地的決定。

五年前，父親去世後的幾個月，我感到有些絕望。我們的角色現在受到前所未有的挑戰和批評。農田中野生種植物減少或滅絕的壞消息以及科學研究相關報導，經常出現在電視和廣播中。雨林被燒毀，河流被毒害，土壤被侵蝕，數不盡枯燥無味的地景失去了自然特色。報紙和新聞充滿了憤慨。身為農民，我首次感到，別人覺得你該為某某事道歉。我悲傷又羞愧，因為那些指控並非沒有道理。

我的新角色絕不是英雄，並不像我年輕時想像的那樣。此一角色十分複雜而令人困惑，同時充滿疑問。現在，我必須做出無數的選擇，有些是重要而根本的，有些則是微小的、漸進的、日常的，反正都將令英國的這個小角落變得更好或更壞。我覺得這在很大程度上取決於我是否具備某些知識，取決於我的價值觀和信念。我突然意識到自己的選擇多麼有限，意識到自己所知甚少。我不得不弄清楚如何靠自己的土地賺錢，而又不糟蹋它。我繼承的是一大串經濟和生態的複雜挑戰，也許那才是身為農民的真諦。

如果你迷了路，最好的方法通常是走回頭路，直到重返熟悉的處所。在最難熬的頭幾個月，祖父的耕作方式對我來說便是那個熟悉的處所，讓我可以從中回顧所發生的事，並且了解問題的癥結所在。我經常回想他如何管理土地，如何關心他豢養的動物以及周圍的自然世界。我設法重新理解身為農民的意義。我回憶將近四十年前，某一個下田犁耕的四月天。每個細節都凍結在我的腦海中。

四十年聽起來不算遙遠，然而從耕作的角度而言，那就像回到了恐龍時代。也許我只會發現舊日的錯誤，或者對傳統農業產生懷舊的感覺。不過，我抱著希望之情回溯過去，期待從中找到一些答案，幫助確定自己可以、必須成為什麼樣的農民。

§

每當我坐在祖父的曳引機後面看著海鷗時，感覺上好像爺爺和犁具後面的海鷗是同一整體的兩個部分，不管祖父或海鷗都同樣真實。他們雙方對於大地都有永恆的索求權，屬於景觀中的同一循環。他們彼此需要。我也許是第一次清楚地意識到，我們是農民，而且這個身分比起其他事物更能定義自己。我們改變土地、種植糧食，以便養活自己和其他人。祖父只為工作奔忙，與土壤、農作物以及家畜密切關聯。我喜歡他與土地的這份親近。我隱約感覺到，很多人並不像我們這樣生活。大多數家庭（甚至在當地的村子裡）都用與土地的關係換取遠離田野、鳥兒和星星的新生活。

某年初春，祖父決定開始對我進行農場「教育」。他著手教我認識他的世界。先前也許我已粗略了解農忙週期，因為自從學步以來，我就一直跟在大人身後，但那畢竟不同。過去幾個月裡，他已感受到了，也許農場終將留不住我。我很懶得勞動，開始躲在房裡，兩眼只顧盯著電視。祖父心裡明白，我要麼現在就學著愛上農事，要麼漂流而去，永遠與農場絕緣。我年紀已大到足以離開老家、離開女人身邊，開始學習，並讓自己做個有用的人。

我和父親相處不來，這使我對農場的看法蒙上一層陰影。如果我出手幫助他，一定免不了會做錯事，並且被他大聲喝斥。他看上去很粗魯，最好避他遠遠的。在家裡躲躲閃閃地過日子還比較容易。但我覺得慚愧，因為我知道那不是別人認為男孩應有的樣子。我可能會讓人失望。

§

古老農舍的每一格窗玻璃都有瑕疵，有的像橡樹樹幹上的結疤，像令家裡花園那棵梧桐樹扭曲的構造，有的則像雲朵或是電塔。我以為田野沒有特色，平淡無奇，所以只喜歡待在家裡做白日夢。然後，父親對我大聲吼叫，命令我穿上靴子，出去幫忙，直喊他不是來辦度假營的。等我出現在後門，他便指使我到外面去工作，然後帶著嫌厭的表情轉身回去院子，同時在櫥櫃旁剛站過的地面留下棕褐色的糞土汙漬。我滿腦子想的都是：誰甘心到外面，用一雙凍僵的手在雨中為那個瘋子幹活呢？

§

有一天，我聽見祖父向父親高喊，他讓我對農場「倒足胃口」，又說他對我太苛刻。爺爺仍是家裡每一畝土地的主人，平常很少離開田間。我很快就明白，跟他一起工作有趣多了，最好是去他的荒丘農場，甚至比在家裡為父親幹活要強太多。

爺爺一點也不顯眼。他每天都穿一套棕色的舊衣服，低頂圓帽下是覆在蒼白頭皮上的稀疏頭髮。他在椅子旁放了一杯牙籤，用來在嘴裡這裡剔剔那裡弄弄。從我們手上爺爺最早的照片看來，他的長相似乎不曾年輕過，看起來始終一個樣，只是稍微苗條一些而已。在那張照片中，他摟著一頭獲獎的短角肉牛，背景則是當地小鎮上的城堡。但是我不在乎他長什麼樣。我抓住每一個能和這位老人（會講神奇故事又似乎能隨心所欲做喜歡之事的老人）相處的機會。

那年，他開始教我一切有關田地的知識，從如何耕作大麥田和農場一年四季的工作節奏講起。他知道，只要將我帶在身邊一段時間，就能讓我愛上這一切。他判斷得沒錯，因為一整年後，果真達成這目標了。將近四十年後，那一年的經歷又生出另一層意義，使我找回對即將消失之農業世界滿滿的記憶。那段時期成為我的生命線和黑暗中的光源。

那年，我的農場教育是零散的，像拼圖的構件般一塊一塊遞給我，而且最終並不一定能組成一個整體。這些碎片會慢慢積累起來，使我對這個世界及其價值產生清晰的了解。我在學習舊的方法，而且在和時間賽跑，因為它在我們周圍逐漸消亡，甚至在自己家中亦復如此。我的叔伯和堂兄弟在十五英里外條件好的低地農場裡生活，在他們看來，情勢已經改變了，這從他們的新曳引機、器械以及大型建築物可以明顯看出，從他們對舊式農業那幾乎毫不掩飾的蔑視中也察覺得到。

§

他坐在農舍中庭那輛路華（Land Rover）上，就在後門旁邊，發動引擎，按按喇叭權充嘀咕。媽媽勸我手腳最好快一點，否則爺爺會留下我獨自離去。我試著穿上長筒雨靴時笨拙地跌了一跤，趕緊爬起來穿過後門。爺爺指派我擔任他的「開門人」。車子從小路嘎吱作響地開下去，爺爺則叨念我遲到。一分鐘後，他在名為「長野」的大門前停車，我跳下來，迅速地打開門（只有門太重時，或者那門用鐵絲網綁起來時，爺爺才會親自下車動手）。他開車進入，我再把他身後的大門關上。

一些草場上布滿母羊和幼羊。他小心翼翼確認了，幼羊都受到母羊恰當的照顧並且發育情況良好。他看一眼就能明白，哪隻幼羊屬於哪隻母羊，並能分辨哪隻幼羊走失或是跟錯母羊。我們開車繞著剛從冬季穀倉出來吃草的「一兩歲牛犢」（年幼肉牛）。這些幼牛脾性浮躁，抬起頭來疾奔而去，像受驚的牛羚一樣，鼻裡發出噴響。爺爺說牛兒都好，我們不需要打擾牠們。

這條路的更遠處，三隻脫隊的羔羊在路上快跑，咩咩叫著要找媽媽，然後設法擠回籬笆內。爺爺巡視時會背上一桶U字釘、一把鐵錘和一捲鐵絲，像這樣的時候就能派上用場。在他修補柵欄時，會同時派那隻名叫本恩（Ben）的牧羊犬去追回羔羊。我們讓羊群穿過大門走向一片新的田野。他說羊兒已經「有點發霉」，我父親早應該將牠們遷往新的草場。他說，綿羊不應該在同一塊地上聽到教堂敲過兩次鐘響，如果這樣，就表示牠們在那裡待太久了。

他把路華停好，我們穿越一片覆蓋著刺金雀花的沙岸，去檢查更多片的田地。我想辦法跟上他的闊步，就像撒尿的時候設法耗費和他一樣長的時間，耐心等他排空膀胱（但是我偏偏辦不到，因為他像老馬一樣撒個沒完沒了）。他走路的時候，腳邊的草銼磨靴子，每邁開一步就發出鐮刀般的聲音。他穿著破舊的、繫著黃鞋帶的棕色皮靴，前端像木鞋那樣翹起，而祖母則用防水油將其擦亮。

去看乳牛的路上，他會駐足欣賞較為開闊的山谷全景，從各種不同的綠色和棕色中看出端倪，從拼花床單也似的牧地以及其他農場讀出訊息。他確切知道山谷中每一個人在忙什麼。走路的時候，他告訴我，每一種農作物和家畜都有其出生、播種、生長、保護、餵養、收割、屠宰與出售的年度週期。還要再等上十到十五年，我才聽人家說起這個專業術語：一個舊式「混合的」、「輪作的」農場。祖父沒有用過特別的字眼加以形容，因為每一個他認識的人都是那麼幹活的。

§

我們走過農場，周圍田野中的景象豐富到令人不解。大概有四、五塊地上種著牧草，還有一些用於堆放青貯飼料，此外就是兩三片大麥田（包括我剛剛幫他耕種的那一片）。岬角下方，有一片剛播種的燕麥田，這是為馬兒種的口糧。然後是一片為綿羊準備的蘿蔔田，還有十幾個稱為「窖壟」、專種馬鈴薯的土堆。在更遠的地方，有豌豆和其他豆類的「全株作物」，這又是冬季牛飼料的另一個來源。

這樣似乎還不夠，為了讓祖母開心，他還勉為其難地闢出一個菜園，裡面種了一排排的包心菜、萵苣、胡蘿蔔和洋蔥。每年春天，當他用叉子把土壤翻成泥塊時，就會不停地咒罵和抱怨。直到不久前，他還在田野和穀倉裡飼養更多禽畜：一群乳牛、一群肉牛、三個品種的羊，還有豬、馬和蛋雞，以及為供聖誕節食用而養肥的鴨和火雞。在我眼裡，祖父懂得如何養育和照顧很多不同的動植物，反正是個萬事通。

有天，他告訴我不要被這一切弄糊塗了，道理其實很簡單。他說：「整座農場都圍著犁跳舞。」其他工具只是隨之而來並被使用，但是，犁才是王。如要種植農作，得先用犁翻鬆地面以便造出苗床，並將收割過的殘株埋入土裡以阻止其生長。犁是「改善」他那租來之農場的主要工具，而且從一九三〇和一九四〇年代還是年輕人以來，他就一直驅馬犁田，並穿著釘靴在犁溝之間賣力地上上下下。

他是跟在馬後面徒步耕作的，和後代坐在強力曳引機上的情況不同，也似乎使他與後代對世界的看法有所不同。祖父熟知自家土地，彷彿那些都是從他身體延伸出去似的。犁刮擦在基岩上時，他都能感覺犁在震顫，雙手和靴子都感受得到。徒步跟在馬的後面，青草、土壤和蟲都近在眼前，可以看到、聽到、聞到、摸到。他和大自然合作，但兩者之間並無隔閡。農事勞動通常辛苦而漫長，有時甚至令人厭煩，但我從不曾聽他說過一句對此感到後悔的話。

一年四季，我都和他一起步行、一起開車，一起眼觀四面、耳聽八方。在柴契爾夫人主政的年代，我是英國中部一個坐在曳引機上聽祖父講述一九三〇年代故事（或者他祖父告訴他的一八九〇年代故事）的小男孩。這些故事全都離不開馬，其中蘊藏一種魔力，因為故事中的馬和人都不在了。祖父的世界已進入日落階段，他在野外活動的時光有限了。

§

我們沿著一堵古老的乾砌石牆從農莊走向草地。石牆隨著地勢起伏，看上去好像洪氾區上土丘的輪廓。草地鷚從田野飛起，在我們眼前來往返復，最後棲息在將鐵絲固定於牆頂的柱子上（加鐵絲的目的在於防範綿羊逃逸）。母羊和羔羊在山谷之中互相呼喚。祖父停下腳步，像演啞劇那樣將手抬到耳邊，細聽杜鵑鳥在荒丘樹林中的鳴聲。我點點頭。他悄悄打開石造穀倉旁的一扇木門。一頭黑色的亞伯丁安格斯老母牛要分娩了。前一天晚上，他把母牛帶進穀倉，以便在發生差錯時可以幫助牠。

我們從破窗向內張望。一頭烏黑的小牛躺在從穀倉門上方投射在地上的一小片亮光中。祖父安靜地走進去，我跟在他背後，但在門口停下腳步。母牛的乳頭又柔軟又有光澤，所以他知道小牛已經吸過奶了。小牛的捲毛被母牛舔濕，其上的唾液和泡沫分泌物閃閃發光。

祖父對母牛說話，要牠寬心，而對方則哞哞幾聲回應，隨後放鬆了下來，讓祖父搔抓牠的臀部。他才輕輕拉一下，胞衣就剝離下來，掉在穀倉地板上的草捆裡。他用一把舊的乾草叉將其提起，扔到穀倉的藍色板岩和石灰砂漿牆旁的蕁麻叢中。

祖父伸手探到小牛下面，斷定是頭公牛，接著把小牛托起來讓牠站立。母牛張著一雙黑色的水汪汪大眼睛慎重地看著祖父，同時嚼著反芻出來的食物。祖父向我招招手，我知道他要我打開門。母牛閒步晃了出去，小牛巍巍顫顫跟在牠的身後，然後一起穿越草地，走向牛群其他的成員。

母牛每走幾步就佇足片刻，讓牠那步履蹣跚的兒子趕上來。我們看著那對母子，母牛想要喝水，於是朝小河走過去，沿途同時不忘咬上幾把青草。有幾隻母牛過來檢查小牛並與牠的母親碰碰鼻子，還有幾隻在田野上吃草，牠們一面貪饞地咀嚼，一面嗖嗖甩動尾巴；另有幾隻則與自己的小牛並臥，掃尾巴、搧耳朵以驅走密布在腹側和眼睛四周、閃著翠綠和烏黑顏色的蒼蠅。

一頭比較大的小牛在吮吸奶汁時輕輕撞著母牛的乳房，臉上滿覆乳白色的泡沫，而另一頭則在母牛做白日夢時從背後偷吸奶汁。

爺爺轉過頭對我說，「那小傢伙臉皮真厚，不是嗎？牠會偷吸所有老母牛的奶，難怪長得胖乎乎的。」

§

時間似乎來到爺爺的身邊便放慢了腳步。他認為有必要仔細觀察動物並抽時間與牠們在一起。他斜靠在門上，好像可以天長地久地凝視著他的牛羊似的。結果就是，這些牛羊在他眼中也都成了獨立的個體，家畜如果出了什麼問題，比如即將出售，或者處於待產狀態，祖父一眼就看得出牠們行為有何異樣。他認為只有傻瓜才會四處奔忙，因為好農夫要有耐心，懂得善用視覺、聽覺、嗅覺和觸覺。他唯一的目標是把事情做好，而不是快速或以最少的氣力完事。

祖父稱我為他的「隨從」，但直到很久以後我才明白，我是他的指望、他的徒弟。我們耕完大麥田的一週後，得回去「撿石頭」。祖父並沒有說清楚，但是我明白，那片田地將成為我的教室，我將在那裡學習種植作物一切必經的階段。

§

田畦因風吹日曬而乾裂。有人告訴我須打最低檔駛過八英畝的田地。我顛簸地坐在曳引機上，徐徐爬下犁溝，隨著機身後面的重量越來越大，前面也就晃動得越厲害。祖父和約翰——一個有著O型腿、抹了百利髮乳（Brylcreem）的黑髮、穿藍色棉質長褲的農場工人，跟在後方，將石頭扔進「運送箱」（懸掛在曳引機後面液壓臂上的金屬箱）中。他們投擲的每一顆拳頭大小的石塊在半空中劃出弧形的曲線，然後哐噹一聲墜入箱中，或者落在其他石塊上，破裂了。

當我開始擔心曳引機會撞上田地盡頭的圍牆時，爺爺會爬上來，輕推我一下，要我把駕駛座讓給他。他把那箱石頭載走，並用來填平田地的窟窿，或是傾倒在門口或車道上，讓地面變得堅實。每一塊完好的牆石都被帶到可以重複利用的地方。沒有浪費。

石頭是有用的東西，而男孩子按照道理也應該是有用的。事實上，我是一個孤獨的孩子，非但笨拙不靈巧，而且動不動就覺得扭捏不安。其他人讓我感到緊張時，我就會做出笨拙的事或是說出愚蠢的話。但祖父則不同。他讓我覺得受到尊重，覺得自己很有分量。我會做出讓他因我而感到驕傲的事，因此，即使我不確定自己將來是否真會務農，但在他開始為我實施田野教育時，我都會很專注。

§

撿完石頭之後，第二天我們必須將犁溝夷平成為苗床。「耖」像是數支顛倒過來的大鐵耙，有幾張雙人床的大小，都用鐵鍊固定在一起，由曳引機拖過犁溝。每次喀嗒喀嗒走過一遭，它就會慢慢將地表打成鬆碎平坦的土壤。過一會兒，爺爺說種苗床已經準備好了，因為可以看到耖在土壤上留下的細緻耙線，就像數根手指同時滑過乾燥沙子似的。

父親駕駛播種機出現在田地的高處，這是一種模樣古怪、看上去十分舊式的裝置，可以每隔三、四英寸便將一粒種子播在土中（但願如此。因為如果不是這樣，那就是在浪費時間）。他操控機器經過我身邊，做出問候的手勢，我點了點頭。

這就是我們祖孫三代的生活。田野上是運轉的曳引機和飛揚的塵土。機器一通過，田就犁好了。

§

一週之後，太陽開始露臉的頭幾天，土壤溫度回暖。然後，我們將田地翻一遍，將鬆散的土壤弄平，將種子埋藏在壓過的地表下，讓那企圖叨走種子的白嘴鴉不能得逞。有次，翻地工作交由祖父執行，我就到處去逛，唯獨不和父親待在家裡，因為那時有頭小牛死於腹瀉症，他的情緒特別低落。

巨大的鐵滾輪在我們身後轟隆前行，每當撞到田間的隆起時，它那裝滿水的巨大圓筒就會哐噹響、吱嘎響、砰砰響。我在周圍跳來跳去，回想著我當天早上看過的約翰・韋恩的電影。他在那影片中僱用一群男學童去放牛（因為男人們都外出「淘金」去了）。後來，他被一群盜賊奪去性命，不過沒有關係，因為男孩們都堅強起來，出發追捕並且殺死強盜為他報仇。

祖父正說起一些有關小辮鴴（也稱為鳳頭麥雞）的事，因為牠們在我們四周拍打槳狀翅膀、盤旋、轉彎、衝上竄下，讓翅膀發出閃光。突然，他停下曳引機，緩慢地爬下來，而兩腳才踏上剛剛翻動過的土壤，他就開始咒罵自己那一雙僵硬的老腿。祖父大步地跨過地面，目光凝視著某一點。我很好奇他看到了什麼。他彎下腰，從地上的凹痕中撿起幾樣東西，放進平頂圓帽。最後他爬回曳引機，把帽子放在我的膝蓋上。

我低頭看看鳥蛋，順手拿起一枚。蛋摸起來溫溫的，斑駁的色彩好像在海邊可以買到的仿卵石糖果。祖父告訴我，那是麻鷸的蛋。這種鳥會在田地上築巢。我們繼續顛簸前進。走完一整圈後，他拿起裝滿鳥蛋的帽子，再度爬出曳引機，將它們放回原處，並彎起指關節，在地上掘出一個鳥巢。我問他，下那些蛋的鳥會不會回到蛋的旁邊？他說：「有時候會，有時不會……但是我們盡力而為。」

十分鐘後，我們又回到田間，只見母麻鷸棲止在滿是灰塵的苗床上，就像什麼事都沒發生過，祖父露齒笑了。那天晚上，我自豪地告訴爸爸有關爺爺和麻鷸蛋的事。他說，爺爺是個「傷感的老傢伙」，難怪我們得耗這麼長的時間才能完成工作。

§

兩個星期過去了，大麥苗從地面探出頭來，綠色小長矛般的葉子競相朝天生長。當祖父走過田間，看到幾百排整齊的綠苗時，明顯露出極欣慰的表情。

我去上學的時候，父親在田間撒了些人造肥料。我看到地面上的肥料就像白色的聚苯乙烯（例如保麗龍）小球。

日子一天天過去，巢裡的麻鷸、蠣鷸和小辮鴴逐漸淹沒在不斷漲高的施了氮肥的綠色大麥麥浪中。

§

祖父很少上教堂，因他認為牧師是個白癡，然而當我問他播下種的大麥是不是能長大，他卻回答「最好禱告一下」之類的話。種糧作是一種信仰的事。你會產生一切都可能付諸流水的真切感覺。播種機可能無法正常運作。鳥兒可能吃光種子。天氣可能太潮濕或太冷，或者一場乾旱可能令生長期間的作物枯萎。即使種子發了芽，也可能因傳染病而遭殃，或者被害蟲吃掉，使所有的農活變得徒勞無功。這些常見的災難，使我們的農場在冬天時無法提供食物給家畜。

前一年的收穫季，因為天氣不夠乾燥，家裡的大麥一直很濕，像堆肥一樣放在倉庫裡，頂層熱到有蒸氣散發出來。在隆冬時節，需要拿來餵養母牛時，麥粒都黏在一起發霉了。我父親說，就只有這些了，吃不吃由牠們去。牛隻厭惡地盯著大麥。我這才理解，為何認識的每個人都不斷地抱怨天氣。我們是任它擺布的奴隸。

誰不希望擁有一片健康、沒有雜草且收成可觀的田地，但這不是自然的狀態，而且即使真的出現了，那也是農民的意志力和辛勞所創造的。眾神可以用豐收獎勵我們，也可以用無數種方式壓垮我們。這是身為勞動人民應該過的艱苦生活。

§

我們穿過岬角的大麥田，到達密布著兔穴的沙質河岸。大麥播種已經三、四個星期，現在兔子造成的破壞已經顯現出來了。距離堤防最近的一百碼地（也就是距離兔穴最近的地方），大麥苗從基部就被啃食精光，比它原本應該在的位置低了五英寸。祖父曾告訴約翰「想個辦法對付兔子」，否則晚些到了夏季就別指望收穫大麥了。

我愛跟著約翰，因為他很有耐心，人又善良，會教給我一些東西。他和妻子希拉一起住在大麥田下方的一棟政府福利住宅裡。父親說，約翰被艱苦的農場工作「耽誤」了。他心思細膩而且性情穩定，是個具有匠心的人，無論交付他的任務多麼簡單，他始終對自己的工作感到驕傲。他擅長製造或是修補東西，能小心翼翼地將磚塊或石料不偏不倚地直砌起來。他會用一點鏈條、鐵絲和舊釘子做成漂亮的門鈎。

在他家房子後面的煤倉旁有兩籠子的雪貂，而雪貂是養來「獵兔子」的。這些雪貂吃著裝在弗賴本托斯牌（Fray Bentos）餡餅舊馬口鐵盒裡的飼料。身軀僵硬的棕色兔子被吊在後門上，準備被剝皮。約翰警告我，不要將手指伸進籠子正面的金屬網裡，否則雪貂會咬住不放。他把手伸進網子裡，信心十足地抓住牠們的腰腹部位，再塞進他的木盒裡並關上蓋子。

他把皮帶揹上肩膀，接著從柵欄上的一個洞鑽出去。我嘗試跨著他在土壤中留下的腳印行走，但是我的步伐無法邁得那麼開，因此不得不稍微跳躍前進。在我們前方幾百英尺的地方，浪潮般的大批兔子緩緩蠕行，朝著洞口遮滿刺人蕁麻的巢穴前進。

約翰對兔穴做了一番偵查，好像在努力解決什麼難題似的。他踢開蕁麻，將它從孔洞上清除，然後有條不紊地蓋住許多兔穴陰暗的出口，方法是輕輕布好由柔軟白繩編成的、有如蜘蛛網一樣的網子。每一面網子都圍著一條束緊繩，而這條繩則綁在一個手工雕刻而成、牢固插入地面的木釘上。

他從盒子裡掏出一隻雪貂，將牠滑入網下，然後塞進洞裡。接下來只需要等待。我知道約翰很著急，因為如果雪貂將兔子困在死路上，很可能會殺死獵物，而且可能不願回頭。遇到這種情況，他會用一把鏟子把雪貂挖出來。雪貂的主要任務在於引發兔子的恐慌，嚇得牠們竄入網中。

約翰像老鷹一樣盯著網子。大約二十秒後，一隻逃逸的兔子闖入袋形的網子裡。牠立刻被逮住，只能睜大眼睛安靜躺著。約翰將牠抖入手裡，迅速從網裡拉出，接著再將牠的脖子和後腿朝反方向用力扯開，直到出現輕微的喀嗒聲為止。兔子渾身顫抖著向前跛行。約翰把兔子扔到我腳邊的草地上，牠很快就靜止不動了。他快手快腳仔細重新布置好網子。又有兩隻兔子從他沒有布網的隱藏孔穴中急竄出來。他咒罵了一聲。接著，另外兩隻陷入網子，也立刻被弄死了。

過一會兒，雪貂鑽出洞來，被約翰抓住，嬌慵地垂在他手上，獵人臉上現出野性的笑容。約翰把雪貂放回盒裡，我們穿越被肆虐得不成樣子的田野回家，三隻兔子在他的指關節下晃蕩著。

§

在我們抓到那些兔子的多年後，我讀到羅馬詩人哲學家維吉爾的作品，了解到我們這群人屬於一個古老的農業傳統。

維吉爾在兩千年前寫了一本名為《農事詩》的奇特短書。這是一本教人如何成為好農夫的手冊。其中，維吉爾列出了羅馬農民可利用的簡樸工具（或是「彈藥庫」）：犁鏵、犁具、耙、馬拉的運輸車、打穀橇、馬拉橇、鐵條、疏籬和簸箕。維吉爾說，農民必須使用這些工具對土地「發動戰爭」。他的農事哲學是：我們必須運用智慧和工具從大自然中收穫東西，否則注定要失敗和捱餓。

如果你不願意不厭其煩犁除雜草，
如果你不願意出聲嚇走鳥兒，
也不願意用鐮刀割除遮蔽土地的雜草，

如果你不願意祈禱天降甘霖，
唉！你將只有豔羨別人倉廩充盈的份，
只有搖落橡實充飢的份。

我小時候對維吉爾一無所知，但那時我確實已感覺到，與兔子的關係是一場沒完沒了戰爭中的一場小仗。我們必須戰爭，那是看不到盡頭的奮鬥。

§

我和祖父聽到牠們就在下面的田裡。嘎拉噶，嘎拉噶，嘎拉噶。我認得這叫聲和發出這聲音的動物：烏鴉。我跟著祖父走下田裡時，他看到烏兒在岩石和一棵小刺樹下看不見的地方跳上跳下。祖父低聲咒罵。他最討厭羊兒死去。討厭烏鴉對死去或是垂死動物的所作所為。他說大自然這母親是條「殘忍的老母狗」。烏鴉見他走來，於是跳上鐵絲網籬笆，再飛到附近的橡樹上看著我們。

我們發現那隻老母羊側躺在地上，兩腿踢著。牠患了乳腺炎，乳房腫脹，而且病菌已經侵入牠的身體。爺爺指給我看，感染已從腫脹的乳腺擴散到牠體內。沒希望了。

我看到牠臉上鮮紅的血，白色羊毛沾染薄薄一層酷似鮮紅色草莓擠出的汁液。趁牠無力起身，烏鴉啄破了牠的眼球。牠那一個月大的小羊自大約二十英尺遠的地方注視著，然後從田地上跑下來。母羊疼痛不堪而且眼睛已經瞎了。祖父說，如果我們離開牠回家拿槍，烏鴉會再回來折磨牠，令牠承受無比的苦難。

他示意我靠後站立，然後拔出刀子，並在石頭上磨利。接著，他抓住母羊的頭，用快速俐落的兩刀割開牠的喉嚨。我似乎聽見他說了聲「對不起」，然而音量如此的低，以致我也不敢確定。

鮮血噴湧而出，一條熾熱的紫紅湍流從牠那被切開的脖子瀉入草地。牠抽搐了一下，雙腿不停顫抖，然後慢慢嚥下最後一口氣。牠喪命了。爺爺說，隔天早上再回來處理牠的屍體。而在回來前，就讓烏鴉為所欲為吧，但牠們再也無法傷害母羊了。

他對烏鴉大吼「滾遠一點」，其中一隻好像把話聽進去了，從樹枝上飛起一下，又棲止下來。烏鴉和祖父是宿敵，隨著時間一星期又一星期地流逝，當我看清楚牠們可能對農場造成什麼破壞後，我也繼承了祖父對這些鳥兒的憤怒。

§

我的童年世界充滿了無數從出生到死亡的週期。我和祖父在一起的日子盡是幫助動物生育、保持健康，或是獲取充足食物以應付天氣。他有時也會很和藹，展現溫柔和關懷的一面，例如將一隻新生的羔羊捧在手中，拿著胃管輕輕順著牠那粉紅色的舌頭和喉嚨，將乳汁擠入腹部，以挽救牠的生命。

然而在其他時候，只要他認為有必要，可以變成一個堅強到幾近殘忍的人。他的內心相當剛強，這使他既不會感到不自在，也不會感到難為情。在他眼裡，死亡和殺生只是他生活的面向之一。他同時也有很強的倫理觀念。即使明天要屠宰某隻動物，今天仍然要努力讓牠活命並給予良好照顧。除非得體、謹慎地對待我們的家畜，否則任何事都是錯誤的、可恥的，形同浪費生命、時間以及精力。

家畜都有生存和死亡的週期。到了要被宰殺的那一刻，祖父會懷著敬意迅速完事，而且沒有強烈的情感流露。因他了解死亡並且親眼見證死亡，因此對於餐桌上的肉類表現出尊崇。他提醒我們，哪怕只是一小口食物也不可以留下，即使是培根皮也不例外。

如今竟有人愚蠢到或是有錢到不在乎兔子破壞農作，或者有人自命清高，在必須屠滅兔子時，卻認定牠們是殺不得的動物，祖父若仍在世，應會感到困惑。他俯仰於大自然中，好似舞台上的演員，總堅持演好自己的戲分。他是進化的猿猴，不是墮落的天使。

§

五月裡，大麥田周圍種植山楂樹的堤岸上蜂群嗡鬧，而花朵盛開的山楂樹看似起了白色泡沫。下雨時，燕子會在屋簷下覓食。牧場上，閹牛在樹下摩擦枝椏搔除背部的癢，或者站在樹蔭下躲避日曬。春末正是農忙的季節，但爺爺說，幹活必須幹得有意義，因為這能獲取一些成就。這和幾個月前我在冬季裡所經歷過但不喜歡的重複、枯燥的工作不一樣。母羊和小羊被掛上標牌、切除尾巴，並且接種疫苗。父親和祖父總算稍有空檔可以喘幾口氣、做些零星的工作，修復冬天所造成的損害。

那是五月的一天，棉團似的雲奔向遠處的荒丘，空曠的天一片淨藍。父親去了一趟路程不近的拍賣市場，看看「羊隻最近行情如何」。祖父告訴我，他得去做些修補活兒，所以我陪他一起去了。我跟著他走在自家農場的邊緣，感覺就像一個在領土邊界行走的古老部族。

我們穿越三片田地，走到「狹長田地」的低處。因為先前冬季天氣的侵蝕或是綿羊的碰撞，圍牆的石頭崩落了許多塊，導致牆體變得脆弱。有些石頭滾落到堤岸下的遠處。祖父派我去把石頭搬上堤岸，一次只搬一塊。他說，如果把石頭留在草地上，石頭會對機械造成很大的損害，割草機會劇烈抖動並發出巨響，彷彿吞下了一顆地雷似的。這項工作還必須在草長得過長之前完成。

祖父設法讓石頭像拼圖遊戲般重新填回洞中。他仔細將牆石加以分類，把頂部的牆石放在一側，再將完好的牆石小心分置在牆的兩側。然後，他開始重新安置這些石塊，特地將長滿苔蘚和地衣的那一面朝外放妥，同時注意朝上的那一面必須平坦，以便在其上另砌石塊。

他腳邊的石頭堆中有一個破損的黏土小菸斗和一個綠色的舊瓶子，顯示很久之前也有其他人做了這項工作。他告訴我一些他祖父的事：他如何成為成功的農民、他的福特T型汽車，以及他為何送他女兒一只金錶（因為她比任何受僱的男人更懂得照顧產期的母羊）。祖父又笑著提到他地主的兒子，說他好歹幹過一項「正經的工作」，當起混凝土攪拌機的駕駛；但有一次他在某家酒吧停下來，和一群混混攪和了幾個小時後，才搖搖晃晃從酒吧走出來，而車後的混凝土都結塊了。

他的故事教導了「我們」這種人該是什麼樣子、不該是什麼樣子。這些故事留給我最深刻的印象是，我們在牆這一邊的人必須努力工作才能富足。他說，一個農民的好壞會反映在他的農場，反映其中的一切事情。如果我們的田地種滿茂盛的大麥、蘿蔔或者飼草，而且在肥綠豐美的草地上放牧優質牛羊，那麼我們就會被歸類為「好農民」。如果農場排水不暢、雜草叢生、牆壁傾頹、羊兒發育不良，或是牛隻苦於寄生蟲的危害，那麼我們多少都算「失敗者」。

一兩個小時後，在應該把石頭放上牆頂時，我察覺到，祖父不知什麼原因分神了。他沒有搬起石頭，反而將目光轉向雜草叢生、凹凸不平的岬角。由於我還沒有放下工作，祖父便碰碰我的手，示意我暫停，然後又指一指自己的耳朵，讓我知道他聽見了一些動靜。

我低聲問：「什麼？」

他將手指豎放在嘴唇上。有隻刺蝟從田野邊高高的枯草叢裡撲出來。牠對我們視若無睹，像維多利亞時代的女人一樣，撩起襯裙，露出纖細的腳，一直跑到祖父的腳邊才停下，毫無顧忌地嗅聞著，然後爬到靴子的腳趾部位，接著又沿田地的邊緣前行，最終再度消逝在草叢之中。我咧嘴笑。爺爺也像小男孩一樣喜不自勝，並用童話劇的聲調說道：「蒂吉．溫克爾夫人（Mrs Tiggy-Winkle）[2]把該洗的衣服帶回家了。」

§

祖父的世界和思想只到那堵牆為止，而那堵牆正是我家這王國的邊界。至於牆外的世界，就留待其他人去操心吧。我們與鄰居互有聯繫也有義務，並共有一套禮節的規則。有些時刻我們需要合作，但是他們在那條界線之外的土地上所做的一切就不干我們的事了。那些牆壁、樹籬和柵欄對我們的耕作制度至為關鍵，在在讓我家得以用許多不同的方式來管理土地。

我家農場共包含三、四十片田地，其中有許多片的面積都很小。但是在祖父眼裡，每一片田地都各有特色，且各具個性及背景故事，而這些故事組成了一個完整的系列，構成史詩般的鉅製。那些田野詩歌在講述和工作進行的過程中變得鮮活無比。了解田地、摸清田地的怪脾氣與需求是最緊要的，因為可種什麼、不能種什麼都是它說了算。有些田地的收穫會變成其傳奇的一部分，有些農作比我們以前所知道的產量要大上許多，我們想知道這是否單純只是神話。

在爺爺看來，他口中那片「城堡堤岸」的沙質土壤要比其他土地「更飢餓」，需

2 蒂吉·溫克爾夫人的典故出自英國作家碧雅翠絲·波特（Beatrix Potter）寫的一本兒童讀物《*The Tale of Mrs. Tiggy-Winkle*》，於一九〇五年十月出版。蒂吉·溫克爾夫人是一隻擔任洗衣女工的刺蝟，住在湖區丘陵地帶的一間小木屋裡。一個名叫露西（Lucie）的女孩正好拜訪小木屋，並留在那裡喝茶。他們為附近的動物和鳥類送去了剛洗過的衣服。

要大量腐熟的「殼渣」（從飼養閹牛的穀倉中回收的麥稈墊，在堆肥中經數月的腐熟而得）使其肥沃。「底部堤岸」出產令人嘖嘖稱奇的蘿蔔，它沐浴在溫暖的陽光下，每一條都像足球一樣大。「八英畝田」在乾旱的年份裡，農作物反而可獲豐收，但在寒冷或潮濕的天氣時，它可是會「翻臉」的黏土，並使作物停止生長。

每片田地各有其人類歷史以及自然淵源。祖父提起了那些在「採石場田」旁邊種植樹籬或是在「鐵路田」上挖出排水溝的人，或者農人在不同地方曾遭受的各種傷害。他也談到巴克（Buckle）家的兄弟倆，他們曾在自家與梅里克斯（Merricks）家土地之間設立圍牆，其中一位每次揮下巨大的樁錘前，另一位負責握樁的兄弟都會先用手按住頂部搖一搖。沒想到前者一時分心，樁錘掉落下來，砸爛了後者的手。我喜歡這些故事，因為它們令田間成為一齣神奇戲碼的舞台。

§

到六月，大麥已經長到我的膝蓋那麼高，遇到刮風的日子，銀綠色麥浪會在田間奔競。這時，田裡的工作少了一些，我的時間又被學校霸占了。有天早上，我正和其他男孩女孩在教堂旁等校車，大家不是隨處亂跑就是扔石頭、踢松果，祖父帶著他的牧羊犬和棍子朝我們走來。他把一群綿羊帶到牧地，那時正要返回農場。我知道他見過我嬉鬧的樣子，因此不希望他現在又把我看成像其他人一樣的傻瓜。

我獨自走離人群站到一旁。也許我這麼做是因為已感覺到接下來會發生的事，並且不希望他們事後在背後嘲笑祖父。他停下腳步，問我在學校學到什麼。我告訴他，預計學習行星知識。他說自己對行星了解不多，不過倒是知道太陽。然後他告訴我，太陽起落之間在村莊上空行經的那條弧線，隨著年歲的消逝而有所改變。他用棍子指向東南方天際線的某一點，那是太陽在十二月白日最短的那天升起的地方。他說：「那裡，就從那裡升起來。」接著，他用棍子在頭頂上比劃了幾個小圈，指出冬季短晝期間太陽的路徑，同時解釋太陽依季節的不同，運行的弧線會有變化。

他接連不斷地用棍子在頭頂上方劃出弧線。他很想讓我了解太陽是如何在蒼穹中移動的，而這真是一件令人驚嘆的事。祖父希望我把時間虛擲在學校之前，至少先學會一堂有用的課。每天他那短短的活動路線最終會在西北方太陽落下的荒丘結束。在我眼裡，祖父是個英雄，但是也看得出他已變得「落伍」（當年我還不曾學過這個詞）：他是來自另一個年代的人，與大多數人格格不入。

年齡較大的學童回到自己的書包旁邊，他們幾乎不顧禮貌，對二十英尺外這個老糊塗給孫子上課的事一臉疑惑，而講述日升故事的人看起來有些瘋癲，彷彿想用劍將天空砍成薄片的慢動作武士。但是我偏偏喜歡他那種解釋天空各種現象的準確方式。他講完了，拍拍他的狗兒本恩，說沒時間再聊下去，並且咧嘴笑了。他告訴我「行為應知檢點，也別把自己鎖起來，白白蹉跎整個暑假」，然後走下小路，嘴裡哼哼唱唱。

紅色的小巴士到了。學童們爬上車，一屁股坐到位置上。一兩分鐘後，巴士開到了政府福利住宅，去接那裡的孩子。我看到山上高速公路那一輛接一輛的卡車，彷彿一條灰色的長線。鐵軌上的一列柴油火車嚓嘎嚓嘎地駛過，排氣裝置冒出黑煙。我透過被手指沾汙了的窗玻璃望出去，看到太陽破雲而出。

§

小學的老師都很好，也很友善。他們讓一個叫布萊恩（Brian）的農場男孩在學校花園的方形廣場上種植大麥。他細心看管這片莊稼，彷彿他家的農技聲譽都押注在那上面了。每到課間休息的空檔，他就會去除草或是做些照料工作。

暑假開始之前，老師帶領我們走過不同的農作區塊時，他都會自豪地站在大麥田旁邊，而其他區塊則是被嚙食得慘不忍睹的一排排萵苣、幾畦因染患枯萎病而死亡的馬鈴薯、凋零結子的胡蘿蔔，以及乏人照料、除了雜草之外什麼都長不出來的土地。但在布萊恩的那一塊地，已長到與腰等高的作物在微風中搖曳，這是一片完美的、沒有雜草的銀綠色大麥田。

§

暑假的六個星期似乎長到看不見盡頭。如果不是因為和朋友出去玩而與大人失聯，每天下午我都會被派去把母牛趕進來擠奶。我騎上自行車，在最陡急的路面上蛇行，直到抵達山頂，那時我就可以大口呼吸，輕鬆快樂地活動。

母牛吃草的那座山丘被稱為布爾文斯（Burwens），那是一塊未被封閉、崎嶇不平的公用土地，沿著路邊一直延伸到下一個村莊。乳牛都關在暫時架設起來、通上電流的圍欄後方，而所謂的圍欄不過是被鐵柱固定在離地面約三英尺高度的一根細鐵絲。鐵柱頂端安裝帶有塑膠絕緣的旋轉頭，每隔約二十英尺植入地下一根。母牛站著等待，尾巴不斷拍打蒼蠅。牠們乳房腫脹，怒氣沖沖地哞叫著，要人放牠們出去逍遙。

我伸手到生鏽電箱的下方去切斷電源，在靠近彈動開關時緊張得發抖。電箱的五臟六腑都翻在下面，因為它的線接得太蹩腳了。我以前在這裡觸電過很多次。如果我不慎讓手指碰到開關旁邊半英寸的地方，就會碰到漏電的電線並遭強烈電擊。有一次，裝置明明應該處於關閉的狀態，但實際情況並非如此，所以那回當我捏起細鐵絲要將其從鉤子上鬆開，以便讓乳牛離開牧場時，又被狠狠電了一下。

有時候牧羊犬會在通了電的圍欄上撒尿，如此一來，接地的電流會將牠們電得大吠大叫，好像被人開槍射擊似的逃之夭夭。這個電箱已經故障很多年了，但從不曾有人想到買一個新的。這些人不言而喻的原則就是勉強使用要壞不壞的東西，或者加以修補即可。我們稱之為「湊合湊合」。

布爾文斯被雜草、野花（白色、粉紅色和黃色）、紫色的毛刺薊以及亂蓬蓬的金雀花叢覆蓋起來。那是當年在許多風景中都看得到的半開發、半荒野的空間。祖父同時向兩個不同的地主支付租金。社區的長者認為那是「教區」的土地，而且一直都是他們集體擁有的土地。但是擁有農場的當地貴族卻宣稱這是他們的土地，又說自己已經將它依法登錄了。我不知道誰才是對的，但祖父一向寧可避免麻煩，他說尊重雙方反而容易辦到，因此向兩個不同的地主支付象徵性的租金。

當乳牛吃光一部分公有地的青草後，祖父會拆走鐵柱，將牧場移到另一片青草尚未被啃食的地方，以便讓先前那塊區域休養生息。新區域的草通常長到和母牛的膝蓋一樣高。整片公有地的各部分都處於不同階段的休養期，因此呈現出一塊塊的各種綠色調。乳牛當前所在的土地已被啃食成淺綠色，並散布著牛糞，只留下不可食用的金雀花和味道苦澀的狗舌草，在被踐踏過的地面上還殘留幾株薊草和蕁麻。

§

那個夏天，我受祖父影響，開始討厭起狗舌草。他像所有農民一樣，鄙視這種植物。他說，狗舌草會「毒害」放牧的動物，可能會導致牛隻死亡。在祖父眼裡，它那黃色的花象徵地主的疏懶。覆蓋狗舌草的土地代表「隨它去吧」的惡劣務農態度。他將我和堂哥收編起來，以反擊狗舌草這個宿敵（對我來說，每個重大的計畫都在星期六執行）。他說，我們每從地上拔出一棵完整的狗舌草，就可從他那裡領取十便士的賞金。他也表示，絕不能留下植株的根，否則它們還會捲土重來。拔除的植株要扔在火堆裡燒掉。

我們爬上山丘，將狗舌草連根拔出，直到在公有地上再也看不到任何佇立的黃花，並為如此賣力的工作自豪，覺得自己超出了祖父對我們能力的期望。他原本以為大家會找個藉口，敷衍一個小時後就打退堂鼓，誰知我們一直堅持下去，直到完成工作為止。我們的手被刺傷且被染成綠色，而且接下來的幾天裡聞起來都是這植物的草腥味。祖父確實欠大家好幾百英鎊，但最終誰也沒拿到，只平分區區的五英鎊而已。然後，爺爺走開，將一堆堆枯萎的花朵叉到拖車中，拉去用火燒了。他囑咐我要帶母牛回家。

§

牛隻迎風大步地走回家。一大團黑色蒼蠅跟在牠們身後。牠們甩動尾巴，設法用鼻子將蒼蠅壓在腹側。牛群一面行走，一面排出草綠色的糞便，在瀝青路面上留下渦漩狀的痕跡。糞便像薄餅一樣在道路上烘烤，接著翹起來，並在乾燥後從道路上刮下一層焦油皮。我騎著自行車在牛屎間前進，踩著腳踏板以保持平衡，使車速慢到足以保持在較年長牛隻的後面。

燕子鑽入微風吹拂下的綠蔭小巷。道路的邊緣淹沒在深達三英尺、開著白花的峨參中。祖父稱它為「凱什」。它那濃郁的大茴香味飄盪在空氣中。下山到半路上會看到一座小林子，我的朋友們在那兒布置了一個小窩。我很想去那裡玩，但不能放下母牛不管。我們總會在村子裡廢棄而凌亂的地方布置小窩（包括垃圾場，大家會把舊的輪胎、電視和床墊扔在那裡），並從樹籬中採集野山楂作為「食物」，然後存儲起來。如果我們膽敢咬上一口，它那酸澀勁兒立即教嘴巴消受不了。

在山腳下，牛原本應該要穿過大門到達擠奶場的，但牠們逃脫了，直奔村子的青草地而去。已經回到擠奶場的父親看見這情況便過來協助我。他叫道，牛兒只是去「撒泡尿」而已，接著跑到牠們前面大喊，同時揮舞一根用來抽打牠們的塑膠管。他的狗兒拉西（Lassie）也來幫忙，或是咬住一兩根牛腳踝，或是不斷吠叫，逼得牠們不得不回到擠奶場裡。

隨後的幾年中，村莊變得中產階級派頭，比較整潔。牛兒一蹄一蹄在村莊部分的公有青草地闢出田地，又將道路弄髒，這導致與其他村民的關係緊張起來。但是我年輕的時候，大家都能理解，牛兒每逢潮濕天氣，就會把道路的側緣搞得泥濘不堪，又因屙屎而使路面變髒。牠們本來就都這樣。我們院子裡有水槽，直到幾年以前，村莊裡不管誰都可以自由將牲畜領進來喝水。

§

我的父親就像舊靴子一樣硬，但他愛他的牛。從一九八〇年代初期直到一兩年前，他曾擁有八十頭黑白花色的菲仕蘭乳牛，那是背部寬厚、四腿結實的品種，從五月到十月在牧場上露天飼養半年，而從十一月至翌年四月這半年，就住在牛棚或是穀倉裡，並被飼以乾草。可是爸爸不得不賣掉他心愛的乳牛，以籌措資金購買一片待售的土地。那片土地正好位於荒丘農場的中間（我的家人現在就住在那裡的一座穀倉，當年裡面只有貓頭鷹和蜘蛛網）。如果你家農場中間有片土地要賣，就算手頭沒錢也要千方百計買下才好。

他一生只喝自家乳牛生產的奶，並拒絕從商店購買牛奶，他認為那是很不堪的東西。他說市售的牛奶「水水的」，是「胡搞瞎搞出來的貨」。他稱脫脂奶或者半脫脂奶為「鴿子奶」。因此，他仍養著幾頭老乳牛，但說實話，從供應「家用牛奶」或是從生育小牛的觀點而言，留下牠們都是「不划算的」。

擠奶工作是靠一台小型的電動機器完成的。從「設備」（基本上就是一個攪乳桶）中流出來的奶是濃稠的、溫暖的、泡沫多而且像奶油。該裝置的內壁很快就被牛奶淡黃色的脂肪所覆蓋，再如何經常擦洗這個桶子以保清潔都不為過。從四周田野跟著牛兒進入牛棚的蒼蠅經常掉進牛奶裡，被撈起時，幾隻腳還在黃色的泡沫中扭動。要是碰上斷電，我們就用手將奶汁擠入桶中。我喜歡看奶汁從乳頭射入桶中溫暖的奶沫，也喜歡聽它發出類似鑽孔的柔和聲音。

爸爸最喜歡的是一頭黑色的菲仕蘭，牠那和善的臉龐搭配著一雙玻璃珠子般的黑色大眼睛，那眼睛在牠反芻食物時會閃閃發光。爸爸稱牠為「老黑」，並堅稱牠「大概二十歲了」，但無論過去多少年，牠總還「二十歲上下」。為牠擠奶的時候，牠的表現始終溫和，「乖乖釋出奶汁」，不論擠奶的人是誰，牠從來不踢人。

出於對老黑的摯愛，爸爸也留下牠最好的朋友「白雪」，但後者徹底是個「臭娘們」。有一次，牠在牛棚的門口把我撞倒，而且算我走運，牛蹄才沒有踩碎我的胸腔。我站起身時，只看到爸爸臉色死白。他說得賣掉這畜牲，或者「你也許該快點閃一邊去」。牠的眼睛漾著野性，會用尾巴甩打我，或者在牛虻叮咬牠的腰側時抬腿猛踢。爸爸說我必須「壓下牠」。他會使勁壓向白雪的腹側，直到幾乎將牠半個身軀抬離地面為止，這樣牠就不會再亂踢了。接著，爸爸很自信地將手探到牠的肚子下，並將震動式的吸頭固定在牠的乳房上。

白雪每年要產犢時會變得更危險。生下小牛後的第一或第二天，不管誰來看小牛，牠都會對那個人大聲吼叫。有人告訴我要離牠遠一點。幾年前，農場有隻貓膽敢走過牠那剛生出來的小牛旁，牠的母性化為盛怒，那隻貓於是賠上了性命，血肉模糊地躺在混凝土地面，眼珠子從頭骨中迸裂出來。爸爸為什麼要留下白雪？這點很難摸透，反正他總有點不按牌理出牌。

事後想來，我理解到一件事——農場裡到處都是父親和祖父就算竭盡全力也無法馴服的動物與無法管理的地方：放滿舊機械、深陷在高度及胸之蕁麻叢中的堆置場；出現在路邊廢棄採石場裡交纏的荊棘林，就像童話故事中圍繞在城堡四周那種，其中的灌木叢傳出紅腹灰雀的啼聲，牠們那桶形身軀的前胸呈現鮮豔的李子色；院子裡腐爛的樹幹從未被挖掘出來，如今已經搖搖欲墜，而且到處都是紅螞蟻的窩巢。公有土地的邊緣地帶，半野生的、亂蓬蓬的乳牛會來這裡吃草；甚至大麥田和燕麥田裡也點綴著罌粟花和雜草，牧場上長滿薊。到六月底，割製乾草用的草地上則開滿野花。

§

祖父走進「長草原」。他示意我循著他的影子和抖落的露水向前行。在草被割下製成乾草之前，我們暫時無事可忙。吃早餐時，父親說應該割草了，像鄰人一樣「開始幹活」。爺爺說這不是什麼好主意，但他會和「小伙子」去看看。

§

在田野裡，祖父那件粗花呢夾克就搭掛在牆頭上。他上身脫得只剩下一件染了汗漬的網眼背心，前臂到肘彎的部分曬成如同皮革的棕褐色（在學校裡，城鎮來的孩子稱其為「農夫黑」），而上臂則呈乳白色，因為這個部位被他一直穿著的短袖條紋棉襯衫遮住了。他脫掉帽子，頭髮從蒼白的頭皮垮垂下來。他走進了綠意中，然後像彎腰的老蒼鷺一樣，一次又一次從草地上拔起一些東西。我知道他要給我上課了。

一兩分鐘後，他回來了，手裡拿著攤成扇形的各種青草。他說，該是我認識各種青草名稱的時候了。於是，他指著每一種，說出它們的名稱，而我的本分便是用心牢記起來。草甸羊茅。貓尾草。剪股穎。鴨茅。絨毛草。黑麥草。普通早熟禾。黃花茅。狐尾草。他說，每種植物都能教導好農夫一些知識。好的草和植物代表土壤肥沃並且「管理」良好。最糟糕的便是「雜草」，那代表該田地狀況不妙，因為養分都被奪走了，而且雜草吸收的要比它回饋的更多。

草甸羊茅像醉漢似的在祖父那雙粗糙的手上顛來顛去，因為它頭部結出燕麥一樣的細小種子而變沉了。祖父臉上的表情彷彿在對我說，「看看這個」、「你要注意」、「記住這個」、「身為農夫必須知道這些東西」。但是我只顧著幻想頭頂上的雲彩，沒有多加注意，以致多年後我把所有青草的名稱忘得一乾二淨。

走回家的路上，他喃喃說道，用來割製乾草的青草還沒長好，只是我父親沒有耐心才打算割草，這點他是不同意的。我們會像往常一樣，再等一段時間才下手。

到家之後，爸爸對我說，祖父活在過去，如今我們人手不夠，無法再像以前那樣做事，何況青貯飼料更適合飼養乳牛。他還說家裡的耕作方式好像還停留在「他媽的一九五〇年代」。

§

我屈身坐在路華的後座，牧羊犬的唾液一縷縷滴在我的腿上。那天是星期六，我們正要去祖父的農場幫忙，為他的小羔羊驅蟲。爸爸和約翰在前座聊著足球，但也三言兩語評論一下途經的所有農場和農戶。

「這農場挺乾淨。」

「他們迂腐得不得了。」

「人家發現他和一個小伙子睡在一起。」

「他要看上哪頭公羊，競標絕不手軟。」

「她真可愛。」

「村莊有一半是他們家的。」

「那些是英格蘭北部最好的乳牛。」

「他做事不帶勁。」

「那地方真糟糕。」

我被困在一堆東西之間：粗麻布的羊飼料袋、圍欄柱子、一捲捲鐵絲網、幾個裝鐵錘和鐵釘的桶子、幾支欄杆以及幾桶裝著用於標記羊身的色料。

在我家那兩個農場之間來去需耗費半個小時。直到那個夏天為止，這段路程一直只是浮光掠影的一片模糊綠色，不具任何意義，但隨著農事教育的開展，我開始認真看待那片田野。那時我還看不出所以然，但我的生活就是那趟路程的一面鏡子。那是進入荒野的路程，和潮流背道而馳的路程，我們踏著與現代相反的步伐，在最後一幅傳統的農業地景中前行。車程的前半段，我們經過當地城鎮的低處，那裡的土地獲得改善，農場面積也變大了，農牧的方式改為飼養成長快速的現代乳牛群或是耕種大面積的大麥田或其他糧田。

從大人的談話中，我聽得出來，這些農場比我家的農場更興旺，農民更富裕，我們既欽佩又討厭他們。我已經知道那是一塊好土地，地面平坦而且壤土深厚。我可以在穀倉和田野中看到大型的曳引機和亮晃晃的器械，也看到巨大的穀倉和牛棚被建造起來。我從前座的談話中感覺到，這些位於山谷底部的農場正在改變。他們說的話我無法全部聽懂，但這些農場正發生的一切也將降臨在我們身上。父親對這一切似乎感到不安，好像我們越來越趕不上那些在奔競中居於領先地位的農民。賺錢的份永遠輪不到我們。

我們在小鎮邊緣的圓環左轉，那裡是一片灰色的工業區，有巨型的飼料加工廠、雞內臟加工廠，以及高速公路的交流道，然後再朝湖區荒丘西邊前進。汽車駛上迂迴的上坡路，離開了最好的地段，最終進入通往祖父山谷農場的那條小路。他的農場座落於兩個圓圓的、標誌湖區地界起始的荒丘之間。我們在狹窄的草地以及粗放的牧場之間迂迴前行，草地都被茂密蓬亂的樹籬和銀色的牆圈圍起來，而粗放的牧場則從泥濘的山谷底部擴展到林地與更無人煙的荒丘側坡。這些地方就像一粒時光膠囊，包藏傳統的農牧方式。

§

我和祖父相處的時間越久，就越覺得他的荒丘農場絲毫沒有「獲得改善」。它的風景秀麗得令人屏息，甚至我們所認識心腸最硬的、最沒有感情的工人都會對它讚美上一兩句。那個落伍的農場似乎對每一個人都有魔力。

在我父親眼裡，問題的癥結在於：農場以前諸多工作都由一小群農牧技術熟練的男女所執行，而如今他們紛紛凋零。在祖父漸漸衰老之際，我父親一直忙得不可開交，設法將兩個農場連結在一起。他在兩處之間奔走，剪羊毛可以一直剪到天黑，隔天清晨又要起身擠奶，接著趕到遠處的租地上給一些閹牛餵食，狼吞虎嚥吃頓飯後，再去大麥田噴灑農藥，接著盡快回去擠奶，然後修補圍欄（因為有些綿羊從破洞中逃脫了）。

這種日程安排太累了，我不確定父親是否清楚了解外面世界發生了什麼變化，或是明白那種蠟燭兩頭燒的奮鬥是不可能成功的。約翰的年紀也越來越大，必須派他較輕鬆的工作。幾個月後，他去當地一家建築公司工作，也只做些零工，所以我和母親就得幫忙填補這些人力上的空白。

§

要是回到三十年前，每年六月或七月就會過來六個帶鐮刀的男丁，捲起襯衫袖子，將薊草一股腦除光。現在，只有爺爺拿著長柄鐮刀、我拿著短柄鐮刀，而爸爸則坐在曳引機上。綿羊和牛不吃薊草，因此，如果薊草長得又壯又密，就幾乎不可能在該地放牧。薊草是大自然從我們手中奪回土地、使耕種變得徒勞無功的方式之一。薊草毀了牧地。

這片野地因為土壤裡的石頭太多、坡地太多而無法耕種，此外斜坡或是邊緣地帶太過陡峭也不利於曳引機的作業，只能永久充作牧場，且這裡一望無際的薊草都長到及胸的高度。因此，我和祖父的任務便是以手工加以斬除，而曳引機則清理野地上差堪耕作的那幾小塊田。

§

祖父每隔幾分鐘就停下來喘一口氣。在我們幹活的時候，燕子和褐羽燕為了獵食被我們擾動的昆蟲，在附近飛向前又飛向後。牠們像星式戰鬥機一樣從我的兩側掠過，拍打著的翅膀如此靠近，以致我的臉頰幾乎感受得到。

祖父對藍灰色的磨刀石吐了一些口水，然後將其推過長柄鐮刀的刀刃。它那如粗砂般的表面打磨鐮刀的切削處，使其變得鋒利並且現出金屬本有的光澤。我看他用手指輕抹一下刀刃，不禁皺了一下眉頭。我的不安令他莞爾。等到刀刃磨到像切肉刀一般鋒利了，他才滿意地把磨刀石塞回口袋，然後拿起鐮刀繼續幹活。

長柄很快就以常見的方式在他身邊旋動起來。他毫不費力地揮著鐮刀，形成一條又一條曲線，而每掃過一次就斬除幅寬大約六英寸的薊草。有時，弧形刀片因砍中一根隱藏的樹枝而中斷了節奏，祖父就會咒罵一聲。他的襯衫附滿了薊草的刺，而鐮刀的刃則濕答答的都是綠色的草汁。二十英尺遠處有一隻金翅雀棲在紫色的薊花上輕輕搖擺，並且來回晃動。在牠啄取築巢用的薊花冠毛時，一對小金翅會在陽光下閃耀。

我也拿短柄鐮刀（或稱「砍刀」）除草。唰唰。沙沙。唰唰。薊草從肩膀兩側飛過。我的脖子沾滿汗水，又受薊花冠毛的刺激而發癢。我的手臂和脖子被曬成棕褐色，而我那頭半長不短的頭髮則褪成淡金色，就像電影《大白鯊》（*Jaws*）中在海灘上閒逛的孩子一樣。我的拇指被鐮刀的木柄磨出水泡。如果我一刀下去碰到太多薊草，手腕就會因遭遇阻礙而受扭曲，就會發疼。

父親在田野的另一頭駕著曳引機，後面拖著「牧草收割機」。收割機下面兩片旋轉的刀刃不斷震動，同時發出嗡嗡悶響，並在離地面約三英寸的地方將所有東西切斷。機器偶爾會撞到岩石，這時便可聽到刺耳的金屬聲，以及接著從曳引機車窗中傳出的咒罵。

祖父講述他在一九四〇年代開始耕種這片土地時，它有多貧瘠的往事。當年舉目只見薊草、破損的圍籬和未撿拾的石塊。他這幾十年的工作，代表田地現在已「養足了精蓄足了銳」。但實際上，仗還沒打贏呢。才短短一個月，許多先前割除的薊草又重新長出並且再度結籽。

§

八月，大麥逐漸成熟為金黃色。它那長著銀色針鬚的頂部，在乾燥後會復歸塵土。祖父會將大麥穗放在手掌間摩擦，直到只剩下穀粒為止。接著，他將捏起一顆放進嘴裡，然後咬下，並叫我學著做。如果大麥尚未成熟，麥殼中就會充滿乳白色的流質，但隨著時間的流逝以及太陽的作用，麥殼就會變得堅硬，牙齒一咬，便像鑿子劈開果核那樣。

祖父輕輕地將咬開的兩半輕輕吐在手心，展示穀粒擠得密密實實的澱粉。他從這個跡象判斷莊稼可以收成了。這是我平生第一次對自家的糧作感到驕傲，因為我幫助糧作成長，並且明白，大家需要投入多少努力與期待才能實現這一目標。幾天後，當校車駛過那條小路，我也知道大麥田上方野生狂亂的黑色斑點究竟是什麼，我的心沉了下去。

§

爸爸沿著樹籬大步向前，穿過葉子上覆蓋著銀灰色塵土的樹木。不久，前方的田野迴盪起粗啞刺耳的嘎嘎聲，上方的天空出現盤旋的烏鴉群。烏鴉根本不把稻草人看在眼裡。稻草人穿著爸爸的結婚禮服，裡面塞滿麥稈，手腕部位再用打包繩紮好。牠們也一直不理會他已在野外放了好幾天用來嚇阻烏鴉的機械裝置。鳥兒太機靈了，這些詭計都騙不了牠們。牠們貪婪成性，用翅膀在一片農作物上搗出一個個大洞，以便竊取成熟的穀物。

爸爸打算開槍射死幾隻，將牠們的屍體吊掛在田地裡臨時搭起來的示眾架上，以嚇走其他的烏鴉，並挽救莊稼免受糟蹋。

他將十二鉛徑霰彈槍調整為半待擊狀態，然後將它扛上肩膀。彈匣也已塞進他的口袋。他示意我保持安靜，跟在他身後，穿過高度及腰的大麥株。他咒罵幾隻已看見我們身影的烏鴉。牠們飛起來，發出警告聲。他悄悄走下田野，躲在樹籬和山肩後面那烏鴉看不見的地方。一陣粗啞的嘈雜聲告訴他，鳥兒正在前方不遠處大快朵頤。然而，等我們走進鳥兒的視野，牠們立即向上飛竄，在空中形成黑壓壓的一大片。數百隻白嘴鴉、小嘴烏鴉和寒鴉放肆狂舞，只見空中一片黑。牠們驚慌失措地朝各方向亂飛。雖說亂飛，但都飛不出距離我們一百碼的範圍。

我蹲伏在大麥中間，就在爸爸的背後。他的槍管指向天空。他說，這不過是在浪費時間，因為烏鴉會繞過整個教區，棲止在田野另一端的幾棵梣樹上，嘲笑我們，直到我們走掉方才罷休。接著牠們會繼續享用那頓邪惡的盛宴。

但有幾隻白嘴鴉特別大膽，竟敢飛回來觀察天空是否仍然危險。牠們並非真的知道我們人在哪裡。爸爸僵硬地待著。氣氛很緊張。除了拍動翅膀的聲音以外，四下一片沉寂。兩三個黑點飛近我們頭上。

第一個黑點飛得太高了，不可能射下牠。可是爸爸後仰身軀，直到整個人緊繃、幾乎壓傷我的腿為止。有個黑色斑點，翅膀張開，緩慢移行，但位置太高了，以致顯得很小。他輕輕扣下扳機。槍的後座力令他顫動了一下，而我也感受到這個顫動。子彈業已擊發，但他仍瞄著槍管上的準星。空氣中聞得到火藥的味道。在他頭上高高的地方，那隻鳥縮皺成較小的一團，然後從天上墜落下來，摔在距離我們蹲伏之處五英尺遠、極為堅硬的地面，並發出羽毛包覆物落地的撞擊悶響。現場亂成一片。烏鴉知道我們現在藏身的位置，並且手上拿著槍。牠們逃離了田野，就像將空氣都吸走的一陣暴風。

爸爸站起來，看著牠們對大麥田造成的可怕損害。他悲傷地吸了一口氣。至少有兩英畝的麥株被壓平了。到處都是斷裂的莖稈，彷彿一群大象在上面滾動過。到處都是白色的烏鴉糞。黑色的羽毛掉落在麥株之間。父親是出色的槍手，我對此感到自豪。我們用一條紅色的打包繩綁住死鴉的一條腿，然後將牠吊掛在一棵梣樹離地最近的枝椏上。

§

負責聯合收割機（combine）[3]的人八月下旬來找我們，不斷講述烏鴉如何造成破壞，此舉惹惱了我父親。滿身蝨子的烏鴉站在遠處的梣樹上，對我們嘎嘎地叫。就像大多數的小型農場一樣，我們買不起自己的聯合收割機，因此當地的機械承包商便派人來幫忙收割。

巨大的紅色機器在車道上轟隆作響，排出一團團黑色廢氣，並將樹枝往後推去。它後面附帶一個很像卷軸的裝置（固定在細巧拖車輪上的圓筒耙子），駛過路上不平整的地方時會像購物手推車一樣喀噠喀噠。那位神色沮喪、脾氣有點暴躁、蓄著落腮鬍的

3 此為能夠實現農作物收割、脫粒，並完成籽粒與碎屑、莖稈和其他雜物分離的大型農業機械。大型聯合收割機還能進行作物籽粒清選、乾燥和包裝加工。

司機，是當地一個古老農家的小兒子。

父親在殘梗之間叫我爬上聯合收割機，看它如何運作。我緊挨著駕駛員，手煞車的桿子尷尬地頂住我的後腰。我們駛下田地，穀物植株開始被一個巨大的轉軸耙到數十個帶鋸齒的三角刀上，而這些三角刀會從離地面約四、五英寸將其割斷，然後再將它用風車般的圓柱機筒送進機器內部。被機器留在後面的新刈殘株看上去很是整齊。及腰高的稻草從聯合收割機後端落下，在田地上排成一列列。駕駛座的後面是一個巨大的儲穀槽，我透過玻璃板看到已從稈部切離、又從穗上剝落的穀粒傾瀉進來。

聯合收割機在田裡兜圈，只見它揚起一團團塵土，而大麥株的數量則不斷減少。父親每隔四十五分鐘便會開著曳引機回到田間，將裝載穀物的拖車移到聯合收割機的旁邊。聯合收割機伸出巨大的紅色手臂，藉此將內部的穀粒吐入拖車中。地面既崎嶇又乾硬，我們顛簸得很厲害。聯合收割機的駕駛不時搔搔鬍子，鬆開脖子上的圍巾、撢掉灰塵。他的眼睛下面長有眼袋，上衣口袋塞著一包香菸。瓢蟲沿著他的手臂爬行。

聯合收割機的每處表面都覆蓋了三英寸厚的灰塵和穀殼。我們著手整理田地、清除尚未被割掉的農作植株時，兔子紛紛跑到堤壩，而駕駛員的狗見狀便從上面跳下來，穿過殘梗追趕牠們去了。

聯合收割機的駕駛看到罌粟和薊草便不斷咒罵，並告訴我，我爸應該噴灑一點農藥，因為我家的農作不如他在其他現代化農場看到的那麼「乾淨」。他說我祖父有點趕不上時代。他說，如今雜草是可以根除的，所以再也沒有藉口不加聞問。他告訴我，他的朋友開了一部更大的聯合收割機，但那機器在我家狹小的田地上並無用武之地，因為須先拓寬大門、挖除一些蓬亂的老荊棘樹籬，以便整出較完整開闊的土地。像我家那種形狀不規整且高低不一致的小田地，未來真的沒有指望。樹木讓他氣急敗壞，因為枝椏會刮花機器表面的漆。我家的農場一無是處。我忍著沒去爭辯，自顧生著悶氣。

後來我將這些話轉述給祖父聽，但他說所有的這些「現代論調」都是胡說八道。如果那個駕駛真那麼聰明，為什麼他只配開聯合收割機呢？祖父說，必須在自己的土地上盡可能生產更多樣的東西，我們需要大麥和飼養家畜的麥稈。

我和父親沿著小路開車回家，身後的拖車載著三到四噸重的大麥。曳引機舊了，煞車系統不好，所以駛過山坡最陡峭的一段路時，他總會緊張地一再踩下煞車來預防車子「跟我們一起同歸於盡」。回到穀倉之後，大麥從拖車後面的閘門傾洩而出，流到混凝土鋪成的堆置場上。

父親在輸送螺旋（一種安裝在鋁管內、由馬達驅動的螺旋升水泵，可以將穀物吸起來，並送入穀倉）的下面將拖車清空。然後，他站起身子，將穀物推進輸送設備。他整個人像沉入流沙那樣，不得不每隔幾秒鐘便抬起腳，以便重新站回穀物堆的表面，然而他的腳有點不聽使喚。他出汗了。大麥粒在他面前被某種看不見的力量吸走，有個漩渦把他和其他東西都往下吸。成噸的穀物，還有麥稈與瓢蟲，都被吞噬，搖轉攪拌，然後被吐進穀倉裡。沙子似的穀粒從他腳下被吸走，他彷彿站在一個巨大的煮蛋計時沙漏中。

這是消耗體力、討人厭的工作。機器不斷運轉，滿滿的幾鏟子幾秒鐘就吞完：它很餓，而且多多益善。他告訴我，要站遠點，要留在曳引機的後面。他說，千萬不要靠近螺旋鑽，那很危險。它的威力極其殘酷，不顧什麼血肉之軀。我們認識的一個農民就被這種機器吸住而失去雙腳（他的腿被削去肉，變成殘肢）。不過他很快就出院了，並且裝上義腿，然後又像農場上四肢健全的壯丁一樣繼續幹活。

最後一車穀物被運回農莊，午後的陽光照在田間的殘株上。幾天後，麥稈已被捆好並儲放在穀倉的閣樓中，就在冬季牲畜住處的上方。

在我童稚的眼光中，大麥田的工作已經完成，整個農事週期已然結束。但是祖父並不這麼想。耕種和收穫只是辛勞農活的序曲，到那時候，他便開始忙著用大麥和麥稈來飼養牲畜，並為牠們鋪好睡臥之處。麥稈會透過閣樓地板上的一個孔洞丟擲下來，充作乳牛冬季的褥墊。

那年秋天的某個時刻，我意識到，儘管沒人告訴我現在要工作，我還是自願出門。

慶祝收成。我們從學校邁步走向教堂，唱著〈吾人犁地撒種〉之類的讚美詩。這是我們一年作息中的一大亮點。教堂裡有一面繡著年輕耶穌形象的旗幟，他的頭髮金黃閃亮，標準的盎格魯–撒克遜人；腳邊聚集小鳥，埋頭啄食耶穌扔給牠們的穀粒。

那天晚上，村子禮堂裡舉辦拍賣會。每個家庭的人都從農場和屋舍中出來，帶著火把走進暗夜中。大家擠在後面的小房間裡。婦女忙著倒茶，分送卡士達奶油餅乾和粉紅色的威化餅乾。農民談論天氣，談論收成是否足以過冬，或是綿羊銷售的情況好不好。他們聊起住在道路那頭的一位農夫，說他沒能把握乾燥的天氣，結果白賠上好多莊稼，但是當事人不在現場，沒聽到這番話。他們所稱的農民是剛從農業大學畢業的外地人，新手的無能為力引人幸災樂禍。

孩子們在隔壁的大房間裡跑來跑去玩大風吹。牆上有一幅掛毯，是村子學校的孩童十年前做的，上面描繪所有的農場並附上每一塊田地的名稱。牧師娘在後面整理所有待拍的物品。擱板桌上堆滿婦女親手烤製或是捐贈的食物，從好看的金黃色麵包（做成大麥束的形狀）到大家急於競購的一袋袋自製軟糖，和一罐罐剛做好不久的果醬與橘皮醬，再到可能乏人問津、從櫃子深處挖出來的鳳梨塊罐頭和濃湯罐頭都有。我們以拍手的方式表示願意購買，能買的我們都買下。父親是當晚的拍賣員。活動結束後，牧師說他希望我們所有人都去上他新開辦的主日學校，但是大家都忙著將奶奶做的薑餅塞滿嘴巴，這話誰也聽不進去。

§

每到秋天，奶奶在農舍裡的廚房便化身為果醬作坊。她不太喜歡「男人」來廚房攪局，但我還是個「男孩」，所以不在此限。而且，在這特定的日子裡，我沒能找到可以換取酬勞的工作，因此被派來幫忙和學習。

爺爺開了幾英里遠的車，把我們送到一條沿著山谷修築的小路。那裡有高低參差不齊的懸鉤子樹籬，是奶奶最喜歡的採集地點。她穿著長筒靴，上緣在膝蓋部位碰著棕色裙子的下襬；上身穿著交叉縫絎的厚外套，一條頭巾收綁在下巴處。她戴著厚如玻璃瓶底的近視眼鏡。我負責幫她在特百惠牌（Tupperware）的塑膠容器中裝滿果實。爺爺暫時離開我們，說好稍後再接我們回去。他必須抽空去找他堂兄，討論「綿羊過冬的事」。

奶奶和我沿著「小路」（湖區方言稱為lonnin）走了大約半英里遠。這是山谷農莊裡牛羊往返荒丘的一條古老路徑。我們走上上坡路，將葉片日漸稀疏的梣樹拋在身後。上方的荒丘是枯乾的蕨棕色，寒冷、秋意濃濃而且全無遮蔽。但眼前的田野則呈深綠，可以看到綿延數英里的山谷。空氣中可聞到一股浴羊藥液的味道，那是從待售母羊身上飄散出來的。

小路兩旁到處都是荊棘和懸鉤子，不久我們就抵達祖母要去的地方，於是她放下了採集容器。一大片棘手的藤蔓交纏在一起，其間長滿了成熟的懸鉤子漿果。我們將漿果採摘下來，但手臂已被鉤刺劃出一道道的石灰白。採摘下來的懸鉤子十有三四被我塞進嘴巴，而奶奶則一面講述當年和她母親去採漿果的往事。我們回頭走下那條小路時，身上已背滿了戰利品。祖父正在車裡等著，但已沉沉睡去。由於車裡裝有暖氣，窗玻璃都蒙上水氣了。

回到家裡，奶奶忙著在鍋裡加點這個又加點那個，一面不停攪拌，一面分心注視著溫度計，直到黃銅淺鍋的內容物變成濃稠起皺的厚漿為止，這時，整個房子充滿冒泡果醬的氣味。

前幾天，奶奶已經和她姊姊及表弟一起遠征了一趟，到幾英里外的一個水果農場「自助採果」，然後帶回來一籃籃的草莓、覆盆子、紅醋栗和李子。她又從冰櫃裡拿出她在自家園子裡採摘或是種植的果子，比如樹籬裡的鵝莓、園子裡的大黃。她發動一波波的噪音攻勢，砰砰敲響鍋盤以便嚇退黑雀和畫眉、保衛自己的果叢。未被製成果醬的水果則化身為盛在金屬盤上的餡餅。

園子裡的梨、蘋果和李子都儲放在備用床下以供過冬之需。水果被分開放置在攤開來的報紙上，彼此絕不碰觸。奶奶會僵硬地爬到床旁，拉出報紙，小心翼翼將水果放在手中轉動，看看是否腐爛或者發霉，那些已經變質的會被挑出來煮掉。每當從冬季的寒凍中走進室內，迎接我們的會是盛滿熱食的盤子，然後是布丁女王（Queen's Pudding）[4]，或是蘋果派和卡士達。

奶奶是一位能手，擅長將農場種植、收成和飼養的東西變成一頓頓飯菜。她煮出來的所有東西幾乎都是自家種植的、季節性的以及就地取材的。肉類、馬鈴薯、蔬菜或是水果和漿果，都被製成醃漬食品和酸辣醬。她偶爾也會買一些橙子或是香蕉，並且在「飲料櫃」中存放幾包洋芋片。除此之外，我們在餐桌上享用的都是一些尋常的傳統食物。奶奶從沒問過大家想吃什麼，因為別無選擇。

她從不購買、烹煮（或者信任）陌生人在工廠生產的食物。她按照固定的時間表備餐，那似乎是上帝交代給摩西（或摩西太太）的時間表。週日晚餐是每一週最主要的一餐，通常吃煮得熟透的牛肉，不過有時會是羊腿或者豬肩。肉中只要仍見血水或是粉紅色澤，都會被視為危險的歐陸食物。肉必須恰當地煮熟到乾透為止。每一餐都見得到馬鈴薯的蹤影：每星期一會將整整一星期用量的馬鈴薯去皮，撲通扔進一大盆水裡浸泡，然後取出搗爛成泥，或是白水煮熟，或是切成薄片，或是炒、炸、烤。「剩菜」則被回鍋。一週其餘時間，我們會吃夾冷牛肉的三明治。

我們在牛棚裡屠宰自家的牛羊，將牠們的血放到由橫樑吊著的桶子裡，然後再將牠們剝皮，接著用鋸子和一組刀具在廚房的桌子上將肉切成小塊。每個部分都不浪費，不只是最好的關節部位，還有尾部、舌頭以及內臟，甚至連血液都拿來做黑布丁。

奶奶要當地的麵包店在每星期四的晚上送貨過來，司機會進來喝杯茶、吃一塊薑餅，並與祖父交換賽馬會的預測情報。到星期二，肉販伯特（Bert）會上門來，賣給她幾片冷的熟火腿，也許還有幾條香腸。總體而言，她看不上店裡賣的食物，她說買那種東西是浪費錢。我只記得在某個週年紀念日或是類似的日子裡曾和祖父奶奶一起上過一次館子。我父親和那位自以為是的服務生起了爭執，因為對方把蘿蔔稱為「瑞典蕪菁」，而爺爺則說他很傻，因為那絕對錯不了，是蘿蔔。

---

4 一種傳統的英國甜點，由麵包屑和牛奶等食材混合而成，烘烤後塗上果醬，再放上蛋白霜。

奶奶有時做家務做得太賣力、太投入，明顯洩漏出她心裡隱藏著壓力。後來我才得知，她曾想離開祖父，因為他在外面和另一個女人生了孩子。她想搬回娘家去住，但她父親卻不歡迎，並告訴她回去丈夫身邊。娘家的人都說：你自己鋪好的床，你就去睡。

§

媽媽的生活和奶奶很不一樣。她在牛棚裡辛勤幹活，餵牛、清除牛的糞便，接手他人工作，因為那人直到最近都還受僱在另一農場工作。然而，她還是得下廚，在脫掉農用靴子約十分鐘後將餐食擺上桌。她似乎比較喜歡農事，討厭無休止的家務勞動。

祖母認為母親因在外面從事農場工作而不能成為完美的家庭主婦，這件事是徹底不對的。如果女人不能獨自留在家中做她本分該做的事，那麼男人注定要失敗。

§

我的父母財務困難。我可以從二手曳引機、生鏽的穀倉屋頂和老舊的機器中看出來。這些設備經常故障而且從未換新。我的舌尖也嚐得到這份窘迫，因為端上餐桌的是一成不變的燉菜和肉末。

按照道理，我應該對這種佐以馬鈴薯泥、豌豆和胡蘿蔔之自家生產的健康牛羊肉感到高興才是，但我沒有。我討厭這種肉。我常在用餐的時間站在門廊裡，將肉嚼成厚紙板紙漿的模樣，那是因為父親怪我「不知感恩」、「不肯吃掉擺在我面前的食物」而施行的懲罰。有時我會把我的那份食物餵給牧羊犬，然後撒謊，說自己已經吃掉了。其他時候，我只是站在那兒做白日夢，而滿嘴都是一嚼再嚼也嚼不爛的肉。

灰色的防空警報器立在門廊的角落裡。爸爸應該負責把它帶到山頂上，並在發生核武浩劫時用它來警告教區中的每個居民。媽媽則應負責將浴缸注滿淡水，並用膠帶和報紙把窗戶密封起來。用餐時間過後，爸爸會看到我依舊站在那兒，嚼著「完美的肉」，他的表情帶著困惑和厭惡。他會大步走向院子，媽媽會出來對我說：「快去拿一個起司三明治，要趕緊吃掉，不然他回來會踹你屁股。」

某個降霜的寒冷秋日裡，父親在大家吃了晚餐後才垂頭喪氣回來，因為母牛老黑「起不了身」。我們望向他指的地方，也就是放牛場的坡頂，看到牠癱在地面。牠已筋疲力盡，眼看撐不久了。白雪同情地在一旁吃草。父親明白現在必須槍殺老黑，然後拖來院子，再請收購畜屍的人運走。他拿起槍，哀傷地拖著沉重的腳步爬上田野。

我們從廚房看到他難過的低垂著頭，只說要和老牛說一兩句話。父親把槍端起，在距離幾吋的地方瞄準牠的頭部。突然，老黑搖搖晃晃站起身來，向前擦過父親和他手中的槍，漫步去和白雪一起吃草。

父親回到廚房，把槍收進櫃子，這時我們都咧嘴笑了起來。他要大家「閉嘴」，但是自己卻在微笑。老黑又健健康康地多活了十八個月。

§

地面變潮濕時，牲畜便被人從田間帶回來住進穀倉和牛棚裡準備過冬。我放學回家後還要負責去幫忙餵牛。烏鴉和椋鳥在村子上方盤旋，正要返回棲息之處，昏暗的天空中迴盪著牠們的叫聲，而我則穿過院子走向儲放牛隻食物的「飼料房」。

大麥去殼機正在運轉，它的噪音震耳欲聾，因為其中兩個巨大的飛輪正將送進去的麥粒壓平。我們用粗麻布袋裝滿壓平了的麥粒，然後再將它倒在乾草和青貯飼料中，看起來就像灑落淡黃色的玉米片。我還得把散落在飼料房地上的大麥碎屑掃攏收集起來，然後拿去餵雞。

若和以前的冬天相比，我不再那麼討厭這些瑣事，不過我依然痛恨雞舍。那是一座小木屋，外面圍了帶刺的鐵絲網。母雞每天在陽光下扒著泥土並且從中啄食，偶能捕獲多汁的蚯蚓或蜘蛛，然後於黃昏時返回窩巢。小木屋裡沒有電燈，所以當我走進去把門關上後，也把落日的餘暉都擋在外面了。現在，四下一片闃黑，只有從供雞隻出入的矩形孔洞洩入一點微光。

雞舍的地面被積了數年的乾雞糞墊高約一英尺或十八英寸。在棚屋深處，下蛋的母雞安靜地坐在巢箱裡，黑暗中偶爾發出咯咯一聲或是拍打一下翅膀。在我那雙摸索的手碰觸到雞隻之前，牠們都是紋風不動的。一旦碰觸到了，牠們便發出輕微騷動的咯咯聲，同時拍打翅膀，造成羽毛飛舞、灰塵揚起。其中有一兩隻會對著出入孔發出粗厲的嘎叫聲，好像狐狸已侵入牠們的小木屋似的。但是「喜歡賴在窩裡」的雞隻仍緊緊守住棲位。我把手探到牠們那柔軟且溫暖的腹部下方，從那裡取出雞蛋。老一點的母雞會用尖銳的喙把我的手啄得出血。

但暗處還有其他東西在動。是老鼠。大老鼠。牠們一身肥是因為吃了母雞的飼料。我能感覺到地板上有形體在移動，闃黑中瀰漫著恐懼。突然，我聽到嘶啞的叫聲，又看見一隻碩大的老鼠試圖將一隻半禿的母雞拖進木質地板條中間的一個洞。我大喊一聲，老鼠罷休了，消失了。

我走出小木屋，告訴父親這個情況，父親答道：「這太過分了，老鼠他媽的活得不耐煩了，看我下藥毒死牠們。」父親說到必然也做到了，因為在接下來的那個禮拜中，每次我去收集雞蛋的時候，都會在雞舍裡發現垂死的或是死去的老鼠，正被母雞啄著的老鼠。

這種苦差事的報酬就是每天都可以拿到一些新鮮的雞蛋。雞蛋在農舍溫暖的燈光下呈現各種調子的棕褐色，一些帶有斑點，少數幾顆則沾了雞糞。雞蛋溫暖了我的手掌，我很喜歡那種感覺。早餐吃煮雞蛋時能看到深橙色的蛋黃。為了確保雞蛋清潔，我會仔細用穀倉裡取來的金色大麥稈填入每一個巢箱。

§

那個冬天，我開始明白父親所承受的殘酷壓力。我上床都大半天了，他還在深夜裡幹活，在工作間裡敲敲打打或是焊接缺損的乾草架。偶爾我還會聽到從木質地板條傳上來的聲音，他宏亮而憤怒的聲音。

在學校裡，我聽到其他孩子在談論自己放寒假要去度假的地方，而我和家人從來沒有享受過假期。我媽媽在廚房水槽和農場之間兩頭忙，而農場的那些工作原先是由一位男雇員專門負責的。

媽媽在小廚房裡的桌子上揉麵團。雖然她撒了麵粉，但麵團還是黏在桌面上。她穿著一件高領上衣，袖子被拉高到肘部，露出反覆推出、拉回的那一雙蒼白的修長手臂。她的頭髮在耳朵後面甩動，身材苗條又標致。她曾嘗試參考貝羅（Be-Ro）麵粉公司的食譜做菜。奶奶告訴她，烤製司康其實很容易，但媽媽卻覺得那幾乎是不可能達成的任務。也許媽媽不是成為典型農夫妻子的料。烤箱裡冒出濃煙，只聽見媽媽發出奇怪的聲音，好像是強壓下去的尖叫。她打開烤箱，拉出托盤，盯著碳化了的團塊。她一副欲哭無淚的模樣，只是自言自語說道，她才沒閒工夫搞這些煩人的事。她外面還有工作要做，而寸金難買寸光陰。

§

爸爸灑上柴油，然後輕輕劃出一根火柴。瞬間，巨大的荊棘堆如同化工廠災變般轉瞬間陷入了火海。又過片刻，濃濃的黑煙從火堆橘紅色的光芒中竄入上方的幽暗裡。

先前爸爸和約翰在公有地上將各種垃圾聚成一堆，包括農莊的廢棄物、塑膠袋、樹根、堤壩上的荊棘條、舊家具、磨耗了的橡膠輪胎、一袋袋捆繩以及裝廢油的大塑膠桶。而過去幾天，其他有垃圾要丟棄的人也會扔在那裡。有時，噴霧劑的罐子會在火中爆炸，在場的每個人都向後跑，彷彿有小炸彈爆炸開來似的。有人隨意用菸頭點燃煙火，然後將煙火塞入充當發射台的空汽水瓶，才幾秒鐘，煙火便沖向天空了。

母親高聲喊叫，要孩子們再往後站，遠遠避開火焰和有如火箭的煙火。祖母為我們這些孩子烤馬鈴薯、香腸捲和糖漿太妃糖。太妃糖凝固的糖漿就像黑色的玻璃碎片一樣，可能刮傷上顎、扯斷牙齒。

一小時後，所有人都摸黑回家，走路時可能被斷枝或是草叢絆倒。有個小孩在哭，因為煙火燒傷他的手，於是被沮喪的父親強拉回家。手電筒的光線射進樹叢，再往上照向滿天星斗。寒霜咬囓大家的臉。我們在回家的路上瞥見一隻狐狸，父親稱牠為「雜種偷兒」，因為他說，牠的一隻同類一年前曾咬死家裡的幾隻母雞。

§

聖誕節期間，我躲到祖父的農場。祖父越來越虛弱了，所以需要我去幫忙餵食他那幾隻已經關進牛棚且有犢牛隨身的母牛。縷縷蒸氣從牛棚的門冒出來。他那鵝卵石鋪成的院子飄盪著熟悉的溫暖氣味：乾草、牛糞、牛尿。牛舍的建築和馬廄類似，牆壁都由石塊和石灰砂漿砌成，也帶有傾斜的灰綠色石板屋頂、一扇可摺成兩半的木門，以及一道舊的鐵門。蜘蛛網像一件件女性的緊身褲一樣從橫樑上垂下來。冬季時節，十九頭母牛都被集中關在畜欄的一側，脖子被拴住，分別站在自己的隔欄中。每隻牛的面前都擺了一個放乾草的石槽和一個鑄鐵的飲水器裝置（只要用嘴巴或舌頭壓下就喝得到水）。陽光從板岩上的小洞照射下來。橫樑上飛舞著乾草的塵末。

我協助祖父從遠端陰暗的穀倉裡將乾草捆提過來。一隻貓頭鷹從破窗鑽入陽光中，牠的移動十分模糊，看上去似乎不像一隻完整的貓頭鷹。祖父不想驚擾牠，只是悄悄地取過乾草，將聲音盡量放低，幾乎帶著一份崇敬，彷彿貓頭鷹才是穀倉的主人，而我們反倒成了不速之客。

我們搬動草捆的時候，四處都有肥大的棕褐色飛蛾在飛舞，同時也有翅翼襤褸的蝴蝶來回，活像一件件缺損的珠寶。回到牛棚時，有隻知更鳥跟隨祖父的步伐飛來飛去，因為每當他從夾克外套口袋裡翻找小刀時，總會掉下少量的乾草種子。

牛兒對他哞叫，要求餵食，他跟牛兒說話，要牠們耐心等一等。他丟給每頭母牛一片乾草。牠們用嘴將乾草推過來自己的面前，再用捲曲的舌頭扯下大大的一口口。整個牛棚都迴盪著咬響牙齒的雜音。牠們脖子上的鍊子隨著頭部的俯仰而擺動。我不像祖父那樣勇敢，有膽量摟著乾草片走在母牛之間。其中有幾隻會帶著威脅的神色抬起一條腿，做出彷彿要踢你一腳的樣子。我抽身後退，感到十分恐懼，但是爺爺更了解牛兒。他每天都要經過母牛的側邊兩次，穿梭在牠們呼出的熱霧氣中，被牠們用嘴舔或是輕推，偶爾也需閃避踢來的一腳。

祖父會觀察母牛尾部排出來的月經液，據此看出牠們是否按照預期懷上小牛，或仍處於發情階段。如果母牛未有身孕，就會將牠們牽到另一座穀倉去和那裡的公牛交配。等到母牛快分娩時，他會在夜裡拿起火炬，帶我一起出門檢查牠們。

他呼出的水氣短暫穿過火炬的光輝，隨後上升至屋頂的椽。他窺視位在金黃麥稈堆深處的單間牛欄，那是他安置母牛待產的地方。如果誕生的犢牛腿部太粗，祖父會幫忙把牠拉出來，或者用「產犢輔助工具」的棘爪固定牠的腿部，然後將牠扯離母體。一兩個小時後，小牛如果無法吸穩母牛的乳頭，他會加以協助，或者將母牛寶貴的初乳擠出，再用管子灌入小牛的胃裡。我不清楚到底是母牛為我的祖父工作，還是祖父在服侍母牛。

§

某天早晨，祖父將馬廄上手工雕刻的木製門閂拉起來。經過農場上一雙雙粗糙的手數十年來的使用，它已被磨得十分光滑。他將門推開約四英寸，生鏽的門鉸鏈微微發出嘎吱聲響。他從門縫向內張望。我鑽到他的胸部下面一探究竟。雖然隔著他的大衣，我還是能感覺得到他興奮得整個人在顫抖。

「怎麼回事？」

他說：「噓……不要說話。牠在生小馬。」

馬廄裡只點著一顆亮得不情不願的昏暗燈泡，接在一條由橫樑懸掛下來、纏滿蜘蛛網的灰色雙絞電線上。曾被粉刷成白色的牆壁如今已轉為棕色，那是因為牛將腿和肚子上的糞便摩擦在上面所造成。鵝卵石砌成的地面鋪上厚達六英寸、被陽光曬白了的乾草。

紅褐色的母馬在昏暗的燈光下，扭曲著、轉動著身軀，似乎十分痛苦的樣子。牠凝視著自己腫脹的腹部，好像有隻小馬的腿或者什麼凹凸不平的東西在自己那緊繃的皮膚下向上撐，彷彿是吞下了一張梯子似的。接著牠躺在麥稈上。大約一分鐘後，一陣攣縮像地震那樣撼動牠整個發抖的軀體。母馬像死屍一樣伸著頭頸，同時發出呻吟。

爺爺小心翼翼地向牠的尾部踱去，並示意我待在原地。母馬一次又一次地攣縮，而我還不知道發生了什麼事，只能原地等著。然後牠稍稍動了一下，爺爺終於看見小馬的腿伸出來了，但是這腿的長度有點奇怪，骨瘦如柴而且尖銳。他順著那條腿摸下來，臉上漾起笑意。

母馬再次晃動並且費勁擠著，小馬的腿似乎轉向一側多伸出四、五英寸。祖父等著又一次的震顫，然後出手去拉小馬的腿。這次，那幾條腿伸出更長的一截，鼻子也看得見了，接著，血液和半透明的淡黃色胞衣中閃現一道白色。最後，母馬站立起來，腿部前後晃動，而小馬則撲騰一聲掉落在麥稈上，導致我畏縮了一下。祖父清掉小馬口中的液體，然後趁母馬還來不及踢他一腳之前就跳到門邊去。

母馬安靜休息了一小時，小馬為了找到乳頭，開始用頭頂頂牠的腹側，而母馬身體又輕輕地、不安地顫抖起來。一週之後，小馬已能在田野中奔跑，學習如何駕馭自己那一對過長的腿，同時驕傲地噴著鼻息，此時爺爺則站在大門附近觀看。爺爺四十年前便買了第一台曳引機，但四十年後仍然是寧願騎馬的人。

以前每到聖誕假期而我卻被要求外出工作時，我便繃著一張臉表示抗議。但現在我已脫胎換骨，變成很不一樣的男孩。祖父並未要求我和他一樣必須六點鐘起床，但是我自動那麼做。我傾聽他穿衣服的動靜，等到他準備出門時，我也一切就緒。他見到我已起床而且準備出門，臉上綻放純粹代表驕傲的笑意。十分鐘後，我們已現身在牛棚，正用鐵鍬剷著牛糞。

§

才過一個晚上，牛隻後面的淺溝已堆積了不少糞便。糞便落地會發出結實的悶響，盤成一坨而且相當乾燥，聞起來幾乎就是乾草的味道。爺爺彎著腰，將鏟子推入熱氣蒸騰的牛糞中，然後將滿滿的一鏟甩到獨輪車上。如果母牛開始灑尿，他會退後幾步，稍微等上片刻。冒著蒸氣的黃色尿液會因重力作用而流到牛棚門口排水溝的柵欄上，散發出的阿摩尼亞令我的鼻子皺縮起來。

外面是酷寒的天氣，據祖父說，這已是農場上最暖和的工作。祖父穿著套頭毛線衫和背心在牛棚裡做事。牛棚被加熱到牛隻感覺舒適的溫度，而牛糞都被堆到牠們身後。祖父又說，在北方古老的「長屋」中，人和牲畜混居在同一棟建築裡，因為從牛體散發出來的溫暖是可資利用的珍貴東西。然後，他穿上一層層的外套，像一些北極探險家一樣，穿過冰凍的田野去餵羊兒，而我則大聲叫喊，並且揮舞雙手，以防止飢餓的羊群簇擁在他腿側，頂得他站不住腳。

隆冬時節的農活很艱苦，但祖父卻引以為傲。他在院子裡堆了像山一樣高的麥稈和糞土。他每天都在它的周圍洗洗刷刷，務必保持它的整潔。陡峭的側坡和剷回去的掉落糞土證明他很在意自己的工作成果。它溫和地蒸發熱氣，而且由於產生很多熱量，是唯一沒有被積雪埋覆的地方，甚至可以融化周圍的雪。

無論任務多麼微不足道，他都為自己的工作感到自豪，而這便是一個勤奮農民的標誌，因此他不辭辛勞地把牛糞剷除乾淨，彷彿每天都會受人評判那樣。牛棚變清爽了，牛隻躺在厚厚的乾草上，而野外的綿羊也餵飽了，這時他告訴我，我們還必須趁地表尚未化冰時，在上面灑下一些糞土，而且盡量不要讓車轍破壞地面。因此，我們利用他的小曳引機和撒肥機將一些糞土運到田間，再啟動鏈條將糞土拋出去。拋出去的糞土熱氣蒸騰，許多白嘴鴉聚攏來，在其中翻找蚯蚓。

§

爺爺指出，我們還需要拿點蘿蔔為懷孕的母羊加菜。因此，我們開了那輛車後配備了儲存箱的梅西．弗格森牌（Massey Ferguson）老舊曳引機出去。在野地裡，我們徒手慢慢拔起幾百棵蘿蔔，扔進箱裡。爺爺認為，將蘿蔔從冰凍的地面拔出來已非易事，於我而言更幾乎是不可能達成的任務。他大口喘著氣，並發出哮鳴聲。我埋怨「這工作爛到不能再爛」，只換得他向我投過來的銳利眼神。他說，要是碰上天氣冷又下雨，在泥濘地拔蘿蔔才真算苦差事。

我見識過這種天氣：父親穿著防水的緊身褲和夾克，一雙凍僵紅腫的手在棕褐色泥濘中掏弄著。折磨人的工作。然而，儘管麻煩這麼多，祖父和父親仍都喜歡種蘿蔔。這種農作是很好的綿羊飼料，而且它的田裡生機盎然。隆冬時節，其他田地既寒冷又光禿禿，而這一排排的蘿蔔就成了野生動物的避難處和食物櫃。結霜的葉子在冬天蒼白無力的陽光下閃著銀色。野兔、鷓鴣以及其他無數種小鳥似乎都在其間尋覓口糧和棲所。

一隻雲灰色的食雀鷹從堤岸上飛起，小鳥四散逃到蘿蔔的葉子下躲藏。一隻大大的紅色公狐狸從田野的盡頭溜進樹林裡。拔蘿蔔時也會把蚯蚓帶上地面，結果都被知更鳥和蒼頭燕雀搶走，並在距離我們靴子幾英尺的地方將其吞下。回到家裡的穀倉中，我們把蘿蔔丟給母羊。隨後的盛宴聽起來好像很多人同時間在吃香脆的蘋果。

到了春季，母羊和羔羊會自己出去蘿蔔田覓食，吃掉剩餘的蘿蔔。牠們用牙齒磨破粉橘色果肉，直到蘿蔔幾乎被切成兩半，也不放過任何一口食物。最終留下的那片田滿是泥濘和好似黑糖漿的羊糞。

§

那天晚上，水管結凍了。祖父在屋裡屋外來回地走，每次都提著裝滿滾燙熱水的桶子，小心翼翼地提過寒氣逼人的院子。我們把水倒在牛棚裡從混凝土露出來的金屬管上。經過三桶熱水的澆灌和不斷的咒罵，水管咕嚕咕嚕響起來，伴隨殘餘冰塊的滾動聲。牛兒壓下飲水槽的扣板，盡情喝水。

奶奶頭上綁著一條圍巾，就像列寧格勒圍城戰（Siege of Leningrad）黑白照片中的人物一樣。她把舊衣服和麥稈綁在水管上，高聲喊叫祖父劈些柴來燒，然後就去為我們準備早餐。我在後門把靴子從冰冷的腳上脫下時，聽到了斧頭劈開風乾木頭發出的聲音。我洗了個熱水澡祛寒，但奶奶不以為然，她說現在的人們未免太愛洗澡。

§

爺爺的朋友喬治總是從隔壁山谷的報攤買來禮拜天的報紙。爺爺餵完牛羊之後便會去半英里外的喬治家裡拿報紙。他坐上一把舊的扶手椅，喬治坐到另一把，而我則坐在他們後面的小木椅上。爐火呈橘黃色，木柴燒得嗶嗶剝剝。他們坐著喝茶，一面討論世界應該如何才能更好。喬治和祖父兩人氣味相投。他們談論自己所見到的野生動植物、綿羊的價格、山谷一帶誰和誰上床了，以及誰有金錢方面的問題。我注意聽著他們談話的內容，可以判斷出世事正在變化。

這兩位老人談到的當地人，都是靠小農場的土地謀生的，而這種農場如今已逐漸式微。在他們眼裡，山谷中的每座農莊都是一群群兒童被撫養長大、再被送往世界的地方。我們認識的每個人，其出身幾乎都可以追溯到某座農場，例如他們會說「他是巴羅達勒（Borrowdale）來的，姓韋爾（Weir）」，如此便交代了有關此人值得外界知道的訊息。甚至，當我還是個小男孩時，聽到他們說話，就能猜出他們那小農場的天地年年逐漸被侵蝕。

他們故事中的所有人都以傳統的方式謀生，例如賣羊、賣牛、築牆、築籬、剪羊毛、修馬路，或是到採石場和酒吧工作。他們忽視山谷中的外地人，可能因為無法將這些新來的、不同的人編入他們的故事裡。每次我和祖父參觀這些人的農場並購買綿羊、牛或母雞時，都能見識到許多（大部分）誠實、正派、聰明善良的農民。這些人過著與世隔絕的生活，通常以工作為重，過著極其隱遁的日子。很少聽見他們說話，因為他們並不期待別人會聽。

這些人的身分認同是由商店裡無法買到的東西所建構的。他們穿舊衣服，只偶爾逛街買些必需品。他們非常鄙視「店裡買回來」的東西。他們喜歡用現金，不喜歡用信用卡，並會修補一切損壞的東西，而且不扔掉舊東西，只是堆積起來，待來日派上用場。

他們的嗜好和興趣不需花費一分錢，比方說，把自己捉老鼠或捕狐狸的必要任務變成一項運動。他們的友誼建立在工作上，建立在他們飼養之牛羊品種的基礎上。他們很少休假或是購買新車。而且，這還不是他們工作的全貌，因為他們還要花很多時間在與農場相關的活動。不過這些活動是公共的，而且比較輕鬆，或者是單純享受大自然的事物。祖父稱這種生活方式為「安靜度日」。

爺爺說，擁有的東西很少並不丟臉，反而是有面子的事。最好守住自己的自由，即使從現代標準來衡量這代表貧窮也無所謂。他瞧不起動不動就到店裡買東西的做法。他認為不被消費欲望牽著鼻子走的人已明白其他人都看不到的自由真諦：如果你不需要店裡買來的東西，那麼你就不必受賺錢來支付開銷的束縛。如果你一直想出國度假或是享用精美餐食，那麼單靠一座小小的荒丘農場是辦不到的。你必須量入為出過活。

過一會兒，祖父從椅子上站起身，拿了報紙，和我一起走出門，停下腳步，望向山谷底部我家的地。我家的羊在那裡吃草，而小河也在那裡的洪氾區交會。

我們穿越野地，凍成銀色的草在腳下喀嚓作響。小河邊上都結冰了，聽起來彷彿是在薄薄的碎玻璃下流淌。橡樹的枝椏結了霜，看上去很像鹿角上的絨毛。太陽費勁地要爬上荒丘。

§

我們要去和爸爸以及約翰碰面，他們剛圍好一道籬笆。突然，前面的小河濺起水花。爺爺加快了步伐，僵硬地小跑起來。我們看見前方的淺灘中閃過一道魚鱗似的反光，但這反光旋即快速潛入黑暗的潭水中。他告訴我，離開河流、游向大西洋的鮭魚仍能記得原生河流的味道。在海上生活多年後，牠們追隨如同一條無形絲帶的味道，從河口向上溯，沿著流經低地那混濁的、緩慢的河水不斷游去，越過堰壩和障礙，經過樹根、躲過漁民，直到這種味道強烈到鮭魚彷彿化身一枚枚受腎上腺素驅動的魚雷。

牠們逆流而上，最終來到被荒丘環繞的山谷，游進自己熟悉的泥炭水裡。到了那裡，牠們會在較深的水潭裡等待洪水淹沒過來。洪水會將牠們進一步推往上游那布滿礫石的淺溪，也就是幾年前牠們誕生的位置。鮭魚會在那裡將卵產在礫石之間，但其中有許多將無法孵出小魚。

祖父好像把這一切當作奇蹟來向我描述。他指指水潭中的魚，表示牠們的鰓和鰭都有海蝨寄生，身上因此出現白色的刮痕和撕裂，說到這裡，他的臉泛起了光采。我站著看河水時，爺爺開始抱怨起「水利局」。他說，局裡的人為了執行治理河流的計畫，正在興建一系列的溝渠，以便更有效率地排掉山谷底部的水。他們打算在河流的兩岸鋪上木板以保持它的整潔。他們一定在慷別人之慨，因為換作是他，他才不會那樣灑錢。他說，再過幾年，這條河會教那些人的努力化為烏有。

§

我們從河岸回頭，穩步向上走去，穿過大門到達草地，朝著爸爸和約翰的方向前進。爸爸的路華已經停在樹籬旁，可以聽見他用斧頭劈砍的聲音。約翰正把樹枝從樹籬上扯開，將其聚成一堆燒掉。冬天的荊棘處於休眠狀態，可以切割、折彎，然後會在春天恢復生機。爺爺解釋，一道好的荊棘刺堤既堅固又有用，不折不扣是項精湛的技術，而且無論修築或保養，用的完全是自家的材料，不需要到店裡另外添購什麼。他說，一座農莊只要看看它是否仍在使用樹籬等傳統工法，就可判斷它是否蓬勃發展。

荊棘的枝幹首先用鏍（billhook）[5]砍到幾乎斷成兩半，砍到它可以折彎的地步，這時約翰便將它拉倒在旁邊的另一株荊棘上。父親會保護那有如鉸鏈、薄如書皮、流淌汁液的裂開之處。他的手被劃傷，可以看到上面留下有如山楂漿果顏色的凝血。他說，枝幹傷口殘留的這層薄皮會像傷口結痂那樣變厚，以便把足夠的汁液輸送到上部，使其得以繼續生長。

在接下來的幾年中，新的直立枝梢會從每條被壓倒的枝幹中長出來，他們會將那些被壓倒的枝幹綁在一起，直到樹籬的結構變得纏結、蓬亂而且密實。大人繼續交談，但我已失去興趣，於是便坐回停在二十英尺外的汽車上，開暖氣讓腳熱起來，聽著收音機播放的金髮女郎（Blondie）[6]。

兩三年後，這個由枝幹形成的核心結構已無法從外部看出來，因為它又變為一道綠色的樹籬。每隔十五年左右就需要這樣整理樹籬一次，而且每次翻新之後，樹籬中荊

---

5 也稱鍥、鉤刀，是一種切削工具，刀身上端有曲線刀刃與一個像鐮刀那樣的鉤尖，但刀身下端為直身，整體稍厚，在農業與林業上常被用於刈草禾與斫斬如灌木叢或樹枝等的小型木質材料。

6 活躍於一九七〇年代後期的著名美國龐克搖滾樂團，曲風狂野奔放，如李察．基爾成名電影《美國舞男》（*American Gigolo*）的主題曲〈打電話給我〉（Call Me）以及〈玻璃心〉（Heart of Glass）等，並於二〇〇六年入選搖滾名人堂。

棘那纏結的、扭曲的、幾乎呈水平走向的枝椏就越來越難穿透。時間推移，樹籬之中或是樹籬所在的隆起土墩（方言稱 kest）上長出越來越多植物，吸引越來越多鳥類與昆蟲。這裡尤其是野花怒放的地方。

樹籬是夏天時我們這些孩子玩捉迷藏或是爬進爬出的理想場所。一旦爬了進去，孩子便進入新的天地，對於母親遙遠的呼喚可以不當回事。我們會從樹籬遊蕩出去，到鐵軌那一邊冒險，或者去年齡較長的孩子玩耍的破舊磨坊，或者等自己稍大後到那裡看色情雜誌、抽抽菸。有時，你會覺得生活一直都是這樣，而且將會永遠這樣持續下去。

§

小時候，我有一本希臘神話的插畫書。我喜歡奧狄賽（Odysseus）和忒修斯（Theseus）[7]，以及他們的英勇犯難的旅程。不過我覺得我家的命運更像薛西弗斯（Sisyphus），只能將一塊巨大石塊推上山頂，卻換來它一次又一次滾回原地的下場。

在學期剛開始時，我誤以為就此可以擺脫農場上的工作。但後來我明白了，儘管父親和祖父有時愛發發牢騷、表現氣餒的樣子，但終究認為不斷工作正是換得美好生活的必然代價。事情必須完成，因為一直以來也總能完成。祕訣是你要像馬一樣接受套在你身上的鞍轡韁繩，而非抗拒不從。繼續做下去就是了。

祖父似乎找到了一種耐受下去的方法：欣賞身邊的野生動植物，並為自己做對了的事感到驕傲。他似乎在對我說：割除薊草的時候，學會享受這工作美好的一面，學會享受駕馭大鐮刀的技巧，學會講故事或是逗人發笑的本事，這樣，即使是最艱苦的工作也不會壓垮你。

若說祖父像薛西弗斯，那也是面露微笑的薛西弗斯。他有個嚴苛的想法：現代人就像孩童一樣，可以自由玩耍，但生活卻失去意義，與根本重要的事物脫節了。他晚年時變得固執，十分不信任變化，並且對他那片破敗的舊式荒丘農場越來越覺得傷感。

父親可沒閒工夫傷感。面對不斷累積的債務，他似乎陷入農業舊價值觀和新經濟現實之間的拉扯。我感受到緊張的氣氛，但還無法完全理解原委。我到日後才弄清怎麼回事。不過到了那年年底，我開始愛上了那片古老的農業天地。祖父已經完

7 傳說中的雅典國王。紀德的長篇小說《忒修斯》（*Theseus*）即以其為主人公。他的事蹟主要有：除掉許多著名的強盜、破解米諾斯的迷宮，並戰勝半人半牛彌諾陶洛斯、劫持海倫、試圖劫持冥王哈得斯的妻子普西芬妮，因而被扣留在冥界（後來被海格力斯救出）。

成他志在實現的理想：孫子不再是一個躲避農場工作的男孩，並且成為一個服膺舊價值觀的真信徒。

§

隔年早春的某日，天氣晴朗，草已長到幾英寸深，地面也變乾爽，母牛和牛犢從牛棚和穀倉裡放出來。祖父為牛兒解開束縛，牠們搖了搖頸間已無繩索的頭。牛兒熟悉新的狀況後便離開牛棚的隔間，走入令人目眩的陽光下。才一轉眼，牠們已在院子和田野間奔跑起來，或是高興跳躍、彼此哞叫。祖父稱之為「放風日」，是一年農事中數一數二最歡樂的日子。

在夏季的幾個月裡，他和母牛都很高興能擺脫對方。我們不需再像冬天時那樣剷糞或是每天餵食兩次，只需每天看一下在田野間吃草的牛兒。母牛在野地裡蹦跳來去，他的日常工作也起了根本的變化。整座農場的人似乎都鬆了一大口氣。我們站在田地的大門旁，欣賞牠們像孩子一樣嬉戲的模樣。

「我覺得牛兒很享受陽光照在背上的感覺，享受離開那座老舊幽暗牛棚的感覺……冬天未免太長了啊！」

夏季那幾個月，由於牲口都在田野裡活動，牛棚再度變得靜悄悄的，只剩停在馬廄門上的燕子在不斷啁啾。穀倉從嘈雜、溫暖和氣味雜陳的處所變成農場中最涼爽、最黑暗和最安靜的地方。我跑過穀倉時，腳步聲在裸露的石頭地板和牆壁之間迴盪。農場養的貓咪塔比（Tabby）坐在橫樑下面向上凝視，尋思獵殺燕子的妙計。

§

有一天，祖父看見我正抬頭看著燕子，於是將牠們遷徙的情況告訴我，以及其奶油色的胸羽如何被非洲的塵土染紅。我們走出牛棚，看到牠們從半開著的窗戶飛進飛出，目的地是遠處的田野，那正是被蒼蠅包圍的牛群吃草的地方。

回家吃飯的路上，我們發現鳥兒在原木的儲物小屋鑽進鑽出。我走過去，想窺探鳥兒是否在裡面築巢。小屋的橫樑上果然有個鳥窩。爺爺把我抱起來。他將我舉高到足以向內張望的高度，我發現他的手臂在發抖。

停在外面電線上的母鳥氣憤地吱喳叫著。雛鳥幾乎羽翼已豐，牠們張著橘黃色的嘴喙，鳥窩差不多要被牠們擠破了。那幾隻雛鳥閉上嘴，困惑地望著我。爺爺急忙問我：「你看到牠們了嗎？」我低聲回答：「看到了。」然後就被放回地面上了。

輯二

進步

如果生活能像那樣繼續下去，那麼一切都會很好。然而事情並不那樣發展。總之，我們的生活彷彿建在沙地上的房屋。一陣狂風襲來，一切化為烏有。

——《切腹》[8]（*Harakiri*，一九六二年）

到本世紀，只有人類這一物種才有可觀地改變世界本質的能力。

——瑞秋．卡森[9]（Rachel Carson），《寂靜的春天》（*Silent Spring*，一九六二年）

夜幕低垂，鏽紅色的塵雲一路尾隨著我。我沿著泥土路駕駛曳引機快速向前行進，車輪所經之處，塵埃被翻攪起來。車子壓過坑窪時，我手中的方向盤便震動一下。我看向遠處，眼前只有無盡延伸下去的鐵絲網圍欄和夜色。百萬顆星星在天空閃爍，就像價廉的人造鑽石一樣。

我在澳大利亞。我二十歲了。我從家裡逃開，用類似「去當背包客」的遁辭勉強搪塞過去。但是，無論我說過什麼正面的話，反正後來我一直設法離父親和農場遠遠的。

祖父三年前過世了。他還在世的時候，彷彿已經對我們每一個人施過咒語，讓大家覺得自己的生活方式充滿希望、尊嚴和力量，彷彿一切都會永遠持續下去似的。他對這一切信念的不可撼動，也使我認為自己可以抗拒外面的世界。這種信念像一件披風那樣保護著我，把我變成一個驕傲的小斯巴達人。

然而，隨著他的逝去，這咒語失效了，導致我們整片天地突然暴露出來，同時變得脆弱。我看到周圍的一切都在崩潰解體，而我對此全然無能為力。我開始擔心，家人可能會成為在北方嚴酷土地上勞動的最後一代。

8由日本導演小林正樹執導，並獲得當年坎城影展評審團特別獎。

9一九〇七～一九六四年，美國海洋生物學家，其著作《寂靜的春天》引發了美國以至於全世界的環境保護事業。

我來到澳大利亞，來到朋友的這座農場開始工作。我負責駕駛曳引機到遠處去割取一些「紫花苜蓿」回來。我點了點頭，但不很確切明白那是什麼東西。我還不習慣在遙遠的外國徹夜駕駛一台奇怪的曳引機。朋友解釋，他們都是徹夜工作的，因為這時農作物仍有濕氣，否則一到白天，農作物被太陽烤乾後，會被機器打成碎末。

§

曳引機的前燈照亮了類似火星地表的暗紅色景觀。放眼都是直線。只有直線和正方形。那個農夫告訴我要直直開三十英里的泥土路，然後右轉經過六個街區，再左轉經過兩個街區，就抵達現場了。就像在棋盤上前進一樣。

§

我疾駛過有牛群的田野，牠們的眼睛在車燈照射下閃閃發光。牛群的周圍，充滿野性的詭異目光從灌木叢中投射出來。我經過路邊的一棵樹，幾隻又大又紅、勉強可以辨識出來的動物躺在它的周圍。袋鼠。牠們大受驚嚇，於是沿著路旁的灌木叢逃開了。

我訝異到忘了放鬆油門，而牠們就在曳引機的側面奔竄，距離近到我伸出手便可以摸到牠們，彷彿在夢境裡看到袋鼠在我旁邊跳躍一般。

然後，在我真正可以弄清楚所看到的景象之前，牠們就消失得無影無蹤了，留下我在夜裡，孤獨面對引擎震動聲響、天上繁星以及紅色塵土。我很好奇，如果把遭遇袋鼠的事說給家鄉的人聽，他們會不會相信我。我體會了一小時若有所失的感覺，最後抵達割取紫花苜蓿的田野並且徹夜工作，在曳引機的鹵素燈照耀下打包割來的草。

§

澳大利亞地形平坦，與我以前所見過的任何景觀都不一樣。它一直延伸下去，然後又延伸下去。如此廣闊而單純的田野景觀。我對它的完美程度感到困惑：一個世紀左右以前，測量員用尺在地圖上劃出整齊的正方形，長滿灌木的土地就分割好了。

這裡地價便宜，規模奇大。這裡沒有令事情減緩速度的任何歷史包袱。或是根本不會有人提起。這些現代農民正在書寫未來，因為這裡仍是一片空白。沒有舊牆。沒有古老農莊。沒有人口。新事物中不會迸出老骨頭。放眼盡是平坦田野，非常適合大型器械施作。成千上萬隻綿羊被放牧在比我家鄉整座農場都要大的野地裡。每個牛群動不動就六、七百頭。我遇到的每個人都充滿熱忱、懷抱希望。某一位農夫喝著啤酒告訴我，世界上其他人都難和他們競爭。他說得對，我們被打敗了。

§

幾個月後，我回家了。我無可救藥地想家，這思鄉病癱瘓了我。我每天晚上都夢見荒丘以及那片綠意，夢見家裡那些形狀不整齊的田地。我懷念離鄉前一天晚上在酒吧裡邂逅的紅髮女孩。

§

我回家了，而且比以往任何時候都更愛這個家。我家的農場從來不曾如此煥發光采。我們開車駛過田野，樹籬如此青翠，草地和牧場看起來雖然參差卻很怡人，爸爸以為我在胡說八道。但也許這是我生平第一次看到家鄉景觀全部的美：牆壁、樹籬、石造農舍與歷史悠久的穀倉。我終於明白了，這個地方是我的一部分，正如我是它的一部分。

然而，儘管我生出了這一份愛，但是心底仍感挫敗，因為我越來越擔心這個家庭將難以生存下去。我們生產的糧食無法和我見識過的農場競爭。我感覺到我們也許已經落伍，我們的年代即將結束。

§

接下來的幾個月裡，我開始更清楚地了解家裡遭遇的難關。我明白了為什麼家中的老人還要如此努力工作才能謀生。像我家這樣的農場，一年當中受風吹雨打的時間有六個月，這能有什麼好處？歪七扭八的田地和雜亂無章的舊建築能有什麼好處？經營如此小規模的農業還有什麼希望？我見識過更大、更快、更集約的新時代農民，如今這種農民也在我們那破敗的村子裡發達起來。我的家人沒能跟上這個步伐，這點令我十分困窘。我們的規模太小了，太過時了，太保守了，又太窮了，如今可能時不我與，想在這片美麗新世界裡占到一席之地，已經來不及了。

§

我在家裡到處看到的東西似乎都已經過時了。在前一代，曳引機已經取代馬匹成為農場上主要的動力來源，然而祖父和父親使用的曳引機工具只比最早一代的機型稍大一點而已。在我們的堆置場中，瓦楞錫皮搭建的「工具棚」已經生鏽，而裡面竟堆滿了昔日由馬來拉的器械。我們農舍廚房裡的橫樑仍掛滿黃銅製的馬飾。

過去的時光一去不復返，但它留下的許多器具都只配堆在穀倉裡招惹塵埃。老舊的金屬物件從閣樓的橫樑垂懸下來，皮革製品布滿裂痕、一碰即碎，鞍轡、牛軛、肚帶和馬蹄鐵皆覆著白色的蜘蛛網。儲放大麥的頂樓樑上甚至還藏著一具手持式的步行播種器，像小提琴的琴弓那樣，讓播種的人用手將種子彈出去。

以前爺爺經常坐在壁爐旁看報紙，壁爐上面裝飾著一對波耳戰爭（Boer War）[10]時用過的馬刺，彷彿五分鐘前有人才摘下來放上去似的。有一天，我把那對馬刺放在手心，才意識到自己是傳統工作生活的一份子，而這個傳統如今已變了形走了樣。在現代的農場中，不再有人會下田用手拔取蘿蔔，或是每天兩次去擠老母牛的奶以供家用。

§

我家農場所背負的債務越來越沉重，而這擔子必須由父親一肩挑起。他變得越來越苛刻，越來越難相處。他心中似乎只有一個目標：解決我家深陷於其中的麻煩。堅此百忍。早些起床。晚點休息。只要我流露出一點柔性，他就大感惱火，彷彿我們除了表現強硬之外沒資格顧及其他。

他不是擅用言詞解釋事情的人，不過他的舉動說明我們別無選擇，只能模仿他人所做的事。我們需要新的器械、新的牛羊品種，還不得不削減支出、能省則省。我們已經落後，如今只能懷抱絕望的心情全力追趕。我開始傲慢起來，開始可憐我父親，因為他沒能回答我所有的問題，沒能更快速採行改變的策略，更不知道如何贏得這場戰鬥。他承受日益嚴重的財務透支，就像扛著一個裝滿了岩石的麻袋，我則滿腔憤世嫉俗的悲觀情緒與極度的酸楚。我們只有一個選擇：接受改變、追上現代化的腳步。

我開始為自家農場如此「落後」的程度感到羞愧。我覺得歷史並不在乎我們。就像一列火車那樣：它離開了車站，你就算在後面叫喊「給我回來」或是「走錯路了」，但是它已順著軌道行駛下去，你就此被拋在了後頭。

---

10 英國與南非荷蘭後裔波耳人之間的兩次戰爭（一八八〇年十二月至一八八一年三月；一八九九年十月至一九〇二年五月），戰後波耳人全部淪為英國的臣民。

§

我家農場上發生的一幕幕，也在整個英國的鄉村地區上演。綜合看來，那些事都是「進步」。然而世人忘記了一件事：農耕實際上是生死攸關的問題。他們同時也未察覺，不必擔心下一頓飯從哪裡來，晚餐反正開口就有，甚至可以挑三揀四，這事究竟多麼神奇。然而，英國和世界各地許多家庭的上一輩人，甚至還嚐過餓肚子的滋味。

祖父母經歷過二十世紀初那幾十年的艱困生活，因為英國當年普遍存在口糧短缺和週期性漲價的問題。我認識一些歲數很大的人，他們通常比自己的兒孫輩矮了一英尺左右，就是食品稀缺的明證。大戰時期的配給制度又是一個明顯的例子，說明飯來張口並非天經地義的事。大戰之前，英國每年需要進口兩千萬噸的糧食才能餵飽國民，一旦海外的供應鏈變脆弱了，在那些漫長的年頭裡，諸如在商店外面排隊購買稀缺貨物，或是在黑市交易雞蛋和奶油等基本食品的事就會發生。

因此，到了戰後的一九五〇年，英國農民接受了政府補貼的獎勵以及收購價格的保證，因為他們的任務在於確保糧食安全、養活一個五千萬人口的國家。隨後的幾十年中，他們接受了這項挑戰：生產遠遠更多、更便宜的食物。現代的超級市場便是前人夢寐以求的理想，而且從歷史的角度看來，不能不說是個讓人瞠目結舌的奇蹟。二十世紀以前，哪怕是最會做夢的人，恐怕都想像不到今天超級市場中食物的品質以及種類。

小時候，母親那位住在村子另一頭的朋友安妮總愛來我家走動，告訴我們她以多便宜的價格買了一大塊燻火腿、一袋冷凍薯條或是一包洗衣粉。第一家大型超市開在十五英里外肯德爾市（Kendal）邊緣的一個工業棚屋裡，面積約有飛機機庫那麼大，旁邊附設一個鋪上碎石柏油的巨型停車場，而超市裡面滿滿都是便宜貨品，引得大家熱衷議論起來。

安妮會一邊抽菸，一邊把買東西的經過交代一遍，比方咖啡館裡在賣什麼東西且又多麼划算。她不再自己烤蛋糕了，還嘲笑我母親落伍。她說，照顧菜園簡直就在浪費時間，因為她可以從店裡買到一切東西，而且比自己栽種還要便宜許多。

我家的菜圃位在農舍的花園裡，爸爸的工作是負責掘出土洞，然後將馬鈴薯埋入地下。他討厭園藝活。有一次安妮來訪後，爸爸索性將耙子插進石頭很多的薄薄壞土。金屬的耙頭撞到他腳下的岩塊，發出一聲鏗鏘。我家花園裡的壞土似乎是整座農場中最貧瘠的，彷彿由幾塊烤硬的黏土所構成。每年春天，爸爸都會用獨輪車一趟趟地從小牛欄裡運來腐爛麥稈和牛糞的混合物，希望改善花園裡的土質。他那把鐵鍬的柄斷了，就靠在牆腳邊，那是前一年冬天他挖出最後一塊馬鈴薯時嫌惡地把它扔在那裡的，所以這時他得走開二十分鐘去找來一支新柄。

爸爸再度現身後，便在地上挖出一條大約一英尺深、又長又直的溝，然後丟進很多糞土。我把馬鈴薯按入糞土裡，再輕輕用壤土覆蓋。因為我們播種的時間耽誤了一些，以致馬鈴薯已經冒出白色的盲芽。

爸爸的腦袋正在醞釀一些想法。他問媽媽，超市裡一袋馬鈴薯賣多少錢，接著便開始嘀咕著計算，自己種馬鈴薯得花掉多少小時。最後他宣布，親手種馬鈴薯簡直虛擲光陰。他說安妮的話真到不能再真。媽媽則反過來讚美自家菜圃種出來的馬鈴薯才夠新鮮，但他並不理會。他說，去年流行馬鈴薯枯萎病，原本該有的收成爛掉一半。那年秋天，菜圃裡只種草，我們吃的馬鈴薯是從鎮上買回來的。

§

多年下來，超市壓低我們出售之貨品的價格。我從澳大利亞回來時，情況已經變得無可挽救。有天，我們去當地的牲口市場打算賣掉一批加肥過的綿羊，這時爸爸抱怨，綿羊價格低落，而且我們會被那些為超市來物色羊肉貨源的交易商狠削一頓。

回程之中，我們開車經過幾處大型的低地農場。爸爸悶悶不樂地盯著馬路旁的土地。「天哪，他們給那片田下了一些東西。」田間糧作的顏色和總量之大令他震驚。植栽發瘋似地拚命生長，且顏色呈現邪門的深綠，那是合成肥料變的把戲。他下評論的語氣似乎一半透著讚嘆，一半透著驚懼，好像不確定那個農夫是否做得太過火了。

§

我家沒有誰能充分解釋自己所做的任何事，或是以條理分析的方式來說明周遭的農業究竟發生了什麼改變。因此，我開始閱讀相關的書籍，設法求得答案。我喜歡農學的經典著作，例如史垂特（A. G. Street）的《農夫的榮耀》（*Farmer's Glory*，暫譯）和亨利・威廉森（Henry Williamson）的《諾福克農場的故事》（*The Story of a Norfolk Farm*，暫譯），也翻閱了無數的教科書。這些教科書滿滿都是有用的資訊，不過有點枯燥乏味。

我了解到，我們的農場是所謂「混合型」和「輪作型」的。說它是「混合型」，是因為我們種植多種不同的農作物，同時飼養幾種不同的牲畜；而稱它為「輪作型」，則是因為我們的田地數百年來便依循一套固定的順序耕種作物。

一整部農耕史，實際上講的就是世人嘗試克服生產過程中大自然所施加的限制，而且這份努力常以失敗告終。其中最關鍵的因素是土壤的肥力。農民藉由無止盡的試驗，透過從錯誤中學習的艱辛方法，發現以下這件事：如果過度利用土壤，生態系統將會崩潰，而且人類生存和發展的能力亦將遭受破壞。

§

田地如果一遍又一遍種植同一種農作物，那麼地力將被耗盡，這是因為每一種農作物都從土壤中吸收一定的養分，最終令土壤的肥沃被耗盡了。這時，農作物的病蟲害便開始在疲憊的土地上落腳，直到造成破壞為止。大自然會因農夫的妄自尊大而懲罰他。文明之所以會整個消失，是因為他們的耕作方式令土壤的品質退化了。

從這些奮鬥和失敗中，世人找出的解決之道便是讓土地輪替不同的用途與農作物：有些用來播種穀物，有些用來放牧牲畜，另外一些則任其閒置、長出雜草，待它恢復地力。收成後，不同種類的農作物會透過其根系或是廢料，將不同的養分和有機質歸還給土壤。小麥收成後，農夫可能會播種燕麥，或者，要是土壤的地力耗盡了，就暫時不再耕作，讓田地休息（此即所謂的休耕）。

這套秩序有助於恢復地力、確保田地將來仍可以為農作物提供養分。我的父親和祖父已不像古代農民那樣，了解輪耕制度的原理，但是兩千年後，他們依然遵循同樣的基本規則。我在農場長大，受過十一年的教育，但是從來沒人向我解釋過相關的事情，這點可真讓我驚訝。

我翻閱圖書館裡的相關資料，想要找出能夠維持我們生計的農作制度，但我發現最奇怪的一點：我熟知的田地利用模式並非永恆不變的，而且曾經完全不同。英國中世紀的農民將耕地劃為許多長條形的小塊（放牧場地是公用的，每戶家庭都有權於此放牧一定數量的牲口）。每一條耕種糧作的土地都分配給不同的農民，而同一位農民可能會在教區中擁有幾條分散的土地。此外，他們所擁有的土地數量多寡也反映他們必須養活的牲畜口數。每一個農民都會種植各種不同的作物，例如燕麥、大麥、黑麥和其他糧食。

想必祖父曾對這種分割成有如條碼的田地感到困惑。土地明明可以劃得更大、更有效率，為什麼要在狹窄的條帶上耕作？為什麼要浪費時間在條帶之間來來去去，況且還要攜帶犁、鋤頭、短柄鐮刀或長柄鐮刀呢？為什麼條帶和條帶之間要留下一兩英尺寬的空間呢？後來我了解到，這些不同的條帶可以減緩植物病害，可以阻礙農作害蟲的傳播，並為負責授粉或是捕食害蟲的昆蟲提供棲所；此外，還能確保散居在教區不同地段的每個家庭都有足夠的食物來應付極端天氣的侵害，從而減輕乾旱或作物病害等風險。最重要的基本原則就是輪耕多種農作，就像在古代農民種地的方式，也像祖父耕作的原則。田地有個牢不可破的規律：維持土壤的健康和肥力。

過去幾個世紀以來，我們在為田地施肥以及土地分割的方式等事務上有了重大進展，尤其是那些名為「圈田」的中世紀公有田地已轉由私人耕作，而且持有的人數也減少了。到了十七世紀，英國農民發現可以種植苜蓿來提高土壤肥沃的程度。

苜蓿會藉由根部將大氣中的氮（賦予肥力的隱形之鑰）固定在土壤中，並將沒有生產效益的休耕期轉變為不間斷的生產期（以前，農地只能靠偶然的雷擊才能獲得這種額外的氮）。種了苜蓿的地可以放牧綿羊或牛（因此能提供更多的肉、奶和羊毛）。此外，放牧的牛羊會消滅可耕地上的雜草，並將糞便和有機物踩踏到土壤中，因而保持其中微生物的生態健康（羊兒因對地利過度消耗的農耕地的影響而被稱為「金蹄子」，因為牠們能使耕地恢復健康與生產力）。在我還小的時候，祖父仍會將大麥和三葉草混合播種，因此在收穫穀物之後，羊兒可以吃到尚帶一點青綠的殘梗。

現在我知道，祖父在他那些牛的糞便上花了許多心思，因為那是農場養分循環中很重要的一部分，懂得打算的人都不會輕易浪費。人類或是動物從田裡吃掉的一切東西都等於將營養物質從土壤中帶走，因此必須加以補充。

我了解到，在過去兩、三百年中，不斷增加的人口對食物的需求也不斷增加，而這代表，許多土壤被過度耕種而耗損了地力，因為農作（即便在引進苜蓿的輪耕方法中）造成土壤品質的退化，且隨著時間的流逝而越來越差。沒人告訴我這種情況，但是祖父確實講過，他的祖父使用「海鳥糞」做肥料，因此種出異常豐美的糧食。這種海鳥和蝙蝠糞便的乾燥混合物富含營養，已經在南美的洞穴中和鳥類築巢的懸崖下積聚了多個世紀，從十九世紀初期起就被用作快速恢復地力的方法，然而這些古老的天然資源很快就被開採殆盡。四個世代之前，我們成為全球規模之蝙蝠（和海鷗）屎經濟的一部分。但是到了二十世紀初，人類面臨所謂的人口危機。世人認為，如果沒有新的肥料來源，我們將陷入嚴重而且持久的饑荒，因為人口的增長已經超過我們種植所需作物以及為其施肥的能力。不可思議的是，有位德國的化學家找到了解決方案。

我們路過的暗綠色田地即是他的傑作。

§

我家沒有人知道弗里茨．哈伯（Fritz Haber）是何方神聖，但沒有他，我們的生活將會完全改觀。他在一九〇九年研究出如何以人工方式利用氫來「固定」大氣中的氮，使其可以充作植物肥料，於是解決了田地肥力的問題。哈伯設法將不可能化為可能。他解開了大自然的鎖。正如他自己所說的，他「以空氣為原料生產麵包」。

哈伯的同事卡爾・博世（Carl Bosch）找到了應用此流程的方法，並且將其投入生產。由此而來的硝酸銨肥料改變了農業乃至整個社會。有人估計，假設哈伯及博世沒有發明這項農業技術，那麼全世界的人口承載量僅約四十億（也就是說，多虧哈伯以及博世，今天世界還能多餵飽三十億人）。

哈伯因「提高農業水準、增進人類福祉」而於一九一八年獲得諾貝爾獎。但是他的發明絕對無法單純以「惠我良多」一語帶過。發明硝酸銨的初衷原本是為了餵飽人類，但它也被用來製造人類歷史上奪命最多之戰爭中的炸藥。哈伯的另一項事蹟是他協同開發出用於第一次世界大戰壕溝戰的有毒氯氣，以及氣體殺蟲劑齊克隆B（後者也被納粹的死亡集中營用來殺害好幾百萬人）。

§

第二次世界大戰結束以來，哈伯發明的技術在全球迅速傳播開來。美國的彈藥工廠將製造炸藥的硝酸銨轉變為製造農業肥料的成分。取得這種新肥料的美國農民很快就發現，種植小麥或大麥時，只要輕鬆藉由「頂肥」農法（表土撒肥）為土壤添加更多的人工養分，即可在下一季再度種植相同的農作物。為了維持土壤健康，農民不再需要依靠養分「循環」系統（亦即維持牲畜與多種作物的輪作技術）。這些農民不再需要於農場內靠自己的努力提升土壤肥力，只需從商店買來奇蹟般的解決辦法。哈伯的氮並不是在一夜之間便顛覆所有耕種方式的，這是持續數十年的歷程，但卻是人類首度與過去的重大決裂，而許多事情也將跟著發生。

戰後那幾年，化工和機械公司的銷售人員將人造肥料帶到了包括我們社區在內的世界各地農村社區。他們會來我們家裡喝茶吃蛋糕，把話說得天花亂墜，並且贈送精美的小冊子，裡面印的盡是令人驚異的農作物，慫恿我們應該購買那些東西才能跟鄰居互別苗頭。

§

家裡在拍賣會上賣掉綿羊後隔了幾週，派我去父親那位耕種暗綠色糧作的朋友處，協助他處理青貯飼料。我被安置在一輛大型的綠色約翰迪爾牌（John Deere）曳引機裡。它的後面掛著一台紅色拖車，裡面載著大約十噸青草。收音機播放著R.E.M.和碎南瓜樂團（The Smashing Pumpkins）[11]的歌曲。我們一組六個人的任務，是從「飼草料收穫機」（割下多汁的綠草並且切碎）那裡將草帶回農莊院子裡的「青貯飼料坑」或是「青貯飼料堆」中。來到青貯飼料坑旁，我們須先傾斜拖車的載斗，將草料卸在以混凝土鋪底的坑裡，然後再趕回田間進行下一趟裝載作業。

幾星期前，爸爸的朋友在春季用曳引機拉著「施肥機」在田間噴灑了「頂肥」，那是數以百萬顆計、類似聚苯乙烯的微小人造氮球，以便為這種草注入活力。這是一年前播下種子的高效能黑麥草，只要撒下店裡買回來的肥料，草叢就會變得茂密並且完全均勻，長得高大肥美。田裡的草長得如此快速，以致我們不僅比以往提前三星期收割，而且同一季最多還可再收割三到四次。

青貯飼料不過是發酵的濕潤綠草，但是剛發明時，卻被視為農業奇蹟。這種草糧與乾草不同，不需要陽光乾燥，即使下雨也可以在一天之內做好。它為牛隻提供更富營養的食物，讓牠們生產更多的奶或肉。相較於這種規模的農場所生產的乾草，營養提升了的青貯飼料可以帶來數萬英鎊的價值。

那天下午，我們每小時都能將數百噸草填入混凝土和鋼板築成的青貯槽中。我們的朋友魯斯迪（Rusty）用他的曳引機和一個大型的框式集草耙將草倒入其中，一車又一車地倒入，然後將空氣擠出去。就在天色轉黑之前，我們已用一塊巨大的塑膠布將草堆密封起來，讓它開始發酵，然後再將數百個舊輪胎扔在上面，把塑膠布固定好。我們每個人都分到一罐啤酒，大家對自己能在一天之內順利收割這麼多青草感到自豪。有人問起，我家什麼時才會開始製作自己的青貯飼料，我感到很尷尬，只好含糊告訴他大概再等一個月吧。我家還是用老方法曬乾草，相較之下好像突然跌回史前時代似的，我實在說不出口。

§

那天，我們只是遵循一般既有的方法製作青貯飼料。改良青草、合成肥料、曳引機和青貯飼料的製法都可以追溯到三、四十年前，只是規模更大、步調更快而已。這場競賽幾乎要結束了，我體驗的是其最後階段。

11 R.E.M.是一九八〇年成軍於美國的另類搖滾樂團。九〇年代另類搖滾逐漸成為主流，他們被認為是另類音樂的先鋒，並於二〇〇七年入選搖滾名人堂。碎南瓜樂團則是來自美國芝加哥的另類搖滾樂團，成軍於一九八八年，作品的風格涵蓋了油漬搖滾、重金屬、夢幻流行樂、哥德搖滾、古典等。截至二〇〇〇年樂團解散為止，碎南瓜在全球的唱片銷售量已達約三千萬張。

§

我從澳大利亞回來後，滿腦子都是如何令農場現代化的聰明主意。但爸爸聽了只是聳聳肩走開，也許是因為太愛面子，無法勇敢說出我家沒錢買花俏而昂貴新型曳引機和拖車，但也可能不完全信服我說的話。他似乎在舊方法和新方法之間猶豫不決。我家確實也做了一些青貯飼料，但他只能湊合使用一兩台落伍的曳引機、一些生鏽的二手器械和一座陳舊的乾草倉。如今他又認為家裡應該像往日一樣繼續曬製乾草。

因此，我們在等著七月的氣象預報，期待出現連續四、五天的好天氣，然後開始割草、乾燥、翻動、打包和送入穀倉的流程。這是一場持續數週之久的噩夢。我們第一批做出來的乾草被雨水糟蹋掉了，所以在那之後，我們一次只做一點，分量大概就是從一至兩片割草場收穫來的青草。我們慢條斯理地擺弄這又擺弄那，設法順利做出一些成果然後收進穀倉，以求盡可能減少冬季牧草短缺的風險。

這是必須在田間待上幾週、汗流浹背又灰頭土臉的勞力活，接著則是將草捆堆進穀倉的苦差事。這意味著要動用許多人手：年邁的伯父首先用機械鉗將草捆送到電梯旁，接著母親再將草捆搬進汽油驅動的電梯裡，而我和父親則在屋簷下的電梯出口將其搬出，分層安置，以待冬天取用。說老實話，我並不排斥這項工作，但是別的農場處理草捆的人手或器械都比較多，相較之下，我們如此慢的速度教人感到沮喪。我嘲笑父親，說我們就像「爸爸大隊」（Dad's Army）[12]。

§

我們可能買不起最新的機器，但是我從巡迴業務員留下的傳單中知道，如果真想加入這場現代農業的遊戲，至少需要藉助最先進的農藥。

薊草高可及腰，紫色的花開始綻放。這種雜草已經接管了我家牧場地勢最低的地帶，而且長得非常茂密，連牛兒都幾乎不願涉足該處。我家農場沒有足夠人手可以拿鐮刀來除草。薊草肆無忌憚地繁衍，該有人出來想想辦法。我認為我家已經落伍到無可救藥，而我也厭倦父親所做的那些改變，因為改變得不夠大也不夠快，根本無法趕上大型的現代化農場。

---

12 作者在此處是借用英國ＢＢＣ從一九六八年至一九七七年播出一齣情境喜劇的名稱《*Dad's Army*》，該劇在英國甚受歡迎，描述二戰期間號召小鎮居民所組成志願本土防衛軍的故事。

於是，我從農藥商那裡買來了最新的除薊草劑。它的價格便宜，裝在一個結實的棕色塑膠瓶中，用時以水稀釋即可。我還買了一個迷你噴霧器，用背帶安裝在身上，稱為「背包式噴霧器」，一個禮拜之內持續每天晚上幹活，將農場上所有的薊草和蕁麻毒死。我前後搖動著噴霧器，直到自己被白色的霧團包圍，而口腔的底部則開始感到乾澀和苦味。我把藥劑的濃度調成說明書所規定的兩倍，因為我們都知道，「科技專家」總不會在安全方面逾越分寸。我回家前，看到薊草和蕁麻開始枯萎，葉子的銀色背面都翻過來，這真令人滿意。

過了幾天，薊草和蕁麻都變黑、變皺了。田間幾乎看不到一株活的。農藥不僅毒死薊草，還能阻止種子萌發。我回去又給所有倖存的雜草補噴農藥，直到田野完全乾淨為止。才幾週的工夫，整座曾被薊草困擾的農場大患已除，終於能夠種下沒有雜草搶食養分的牧草。每年夏天花費家裡三個人數天精力的工作不再需要做了。我們的鐮刀就此變成另一件博物館的展覽品，被掛在穀倉橫樑上。那些東西年復一年鏽蝕加深，三角形的蜘蛛網在柄和刃之間恣意伸展。我們的田地開始顯得整潔，比較像大家所認識的現代乾淨農場。我對堆置場裡的蕁麻噴灑農藥；消滅蕁麻之後，那裡只剩任其朽壞的舊機器了。這就是現代農技。噴霧農藥是天大的奇蹟，甚至贏得我父親的青睞。我們正向未來挺進。

§

我知道我們起步晚了。自第二次世界大戰以來，合成農藥已令作物免受雜草和疾病的侵害。一九三九年，瑞士化學家保羅・赫爾曼・穆勒（Paul Hermann Muller）發現，一八七〇年代開發的一種名為二氯二苯基三氯乙烷（DDT）的化學物質可用來毒死昆蟲。DDT就像硝酸銨一樣，也是得過諾貝爾獎的「奇蹟」。在第二次世界大戰期間，它被用來消滅大量蚊子，幾乎完全根除了歐洲大部分地區的斑疹傷寒；在那之後的短短幾年內，它又被用來消滅美國的瘧疾。後來，DDT被當成殺蟲劑銷售給農民。它可以用來毒死幾乎所有危害農作物的昆蟲、真菌、細菌或害蟲，也可用來消滅帶有可能令農場動物患病之病原體的昆蟲。

我記得父親面對大麥葉子上的黴菌斑點時那副一籌莫展的樣子，染病的植株看起來病懨懨又無藥可救。我們所有的農作物都是如此脆弱的。大家耳熟能詳的那場因愛爾蘭馬鈴薯歉收而造成的大饑荒，正是馬鈴薯枯萎病肆虐的結果，而且這場由於整個社會過度依賴單一農作而發生的災難（導致一百萬人死亡，另有一百萬人移民避難）並非空前絕後。

殺蟲劑出現前，世人都因農作歉收或是腐爛而對生活充滿恐懼。殺蟲劑出現後，我們開始能種出大量營養豐富、讓人負擔得起的食物來「餵飽世界」，同時又不受昆蟲和農作物疾病的困擾，這是具有革命性意義的。農藥和人工肥料是我們最新掌握的神奇工具，使我們比以往任何時代都能更有效率地完成工作。往日，大量的食物都在種植、運輸、存儲或是在商店中出售時，因為害蟲、疾病（細菌或是黴菌引起）而損失。化學家使得農業和人類食物的供應鏈擺脫了大自然那恆常不變的約束。

§

隔年整個夏天，父親都穿著一件藍色T恤坐在曳引機上，身後跟著的是一團巨大的乳白色農藥噴霧。我們的舊曳引機駛過大麥田，有一半淹沒在黃色的麥浪中。它的後面拖著一具農作物噴霧器，而這設備的懸臂很寬，伸出拖拉機左右各約二十英尺。父親想要像其他人一樣，種出「乾淨的」大麥。雜草肆虐的年代已經結束了。

我看著父親，想起祖父對曳引機所流露的蔑視。他使用曳引機以及與曳引機搭配的器械，但是他不喜歡這些設備對我們所產生的影響，因為從爬上去的那一刻開始，我們就離開了泥土，不再觸摸、嗅聞、感覺泥土了，而這些感官上的接觸才是了解這片土地的根本方法。

如今我們花在曳引機上的時間越來越多，躲在玻璃、鋼材和塑膠中間，又有舒適的空調和收音機。他認為利用機器工作不比利用役畜或者雙手工作來得重要。不管哪個傻瓜都懂得駕駛曳引機來田地上繞呀繞。留在田間工作的人數越來越少，而仍然務農的人待在田間的時間也越來越短。

回顧一九七〇年代，爺爺擁有一輛四十五匹馬力的梅西．弗格森牌曳引機。現在我們的曳引機則有一百匹馬力，而且有些朋友的機型更高達兩百匹馬力。在面積較廣大的農場上，如今巨型的曳引機可以將一棵樹連根拔起，好像對付玩具那般簡單。

農場中新器械的工作效率與任務規模都教人難以置信，並且已將地景重新塑造，我們不禁對其投以敬畏的目光。多愁善感於事無補。田野成不了博物館。以馬匹為動力的時代所創造出來之狹窄或歪扭的田地現在行不通了。布滿樹木、岩石、荊棘叢、圍牆和濕地的區域根本不適合器械那齊整的工作特質。田地於是徹底改觀，變得較大、較平、排水較好、雜草較少。林地、樹籬、池塘、沼澤或是河流等障礙被清除、排乾、填平或是截彎取直。機器作業容不下這些礙手礙腳的東西。

為求食物便宜，地景必須更有效率。買一部新的聯合收割機可能要花費五十萬英鎊，因此應該在寬廣的土地上盡量施作，而不是到狹窄的土地上隨便弄弄，這樣才能回收成本。

家裡餐廳的牆壁上掛著我們那一帶農場的航拍照片，都是由一些有生意頭腦的攝影師從輕航機上拍攝的。他們每隔幾年就賣我們一張這種照片。從那上面，你可以看到田地和農莊的規模正不斷發生變化，雖不是一夕之間造成的，卻也是穩定進行的變化。若從時間先後次序的角度觀察這些照片，你會發現農場的邊界（牆壁、樹籬和籬笆）是如何迅速消失的。

§

我們偶爾會去英格蘭南部出售綿羊或者參加農業展覽會，在旅途中，車窗外的景致常令我們驚訝不已：地平線和地平線之間的整片景觀，只剩下單純密集種植一兩種作物的田地。以前只在農場規模上才行得通的作業模式，如今也可以應用在規模大得多的地方，甚至整個地區專門從事一、兩件事。傳統的混合型農場在經營上有其局限：它需要有農場主人，需要專人趕著牛羊到處去，還要圍籬、築牆並做其他的手工工作。但新的農耕模式不需要這一切。

我叔叔和嬸嬸去北美度假，親眼目睹了發達的畜牧業和高性能的機械。他們比我們擁有更好的低平農場，並且在接受創新方面遙遙領先我們。他們從美國回來後便大力推崇改革。他們帶回了棒球帽和好時（Hershey's）巧克力。他們談到更先進的曳引機、器械和畜牧業時，我們都聽進去了，而且這些東西很快便出現在當地的農場上。對於那些多年以來花時間用鐵鍬挖掘排水溝的人而言，對那些手腳冰冷地跟在馬後面、以犁耕地的人而言，或是對那些以長柄鐮刀割草割到雙手起水泡、襯衫被汗水濡濕的人而言，這些事情聽起來就是向前邁出的巨大一步。

§

母親在廚房裡啜泣，她的淚水當著大家的面流下來。我們以前從不曾見過這種場面，整個房間充滿慌亂，還有我從未體驗過的另一種感覺：羞恥。

我們全家剛從一位農民朋友的葬禮回來，然後有人吵了一架。我父親顯然讓家人失望了，因為他並未穿上正式合宜的葬禮大衣。男士站在教堂後面或是教堂墓地唱著古老的聖歌時，他們看上去應該很得體才是，也就是穿上深灰色或黑色、一英寸厚的羊毛外套。

我不知道參加喪禮時穿衣服還得講規矩，但反正是我家發生爭執的原因。我的一位姑媽說，她為我父親不得體的穿著感到羞愧。姑媽批評他，說他看上去又邋遢又惹厭。父親穿的是較薄的外套，因為他拿不出羊毛製的葬禮厚外套。他打破了約定俗成的規矩，也讓外人窺見了我家的窘況，那種應該不至於發生在他們身上的現實。

我父母和祖母回到農舍。爸爸靜靜坐在爐火旁的椅子上，看上去受了委屈又一肚子氣。我緊握手中的那杯茶，希望媽媽不要再哭，卻不知道該如何幫助她。我祖母瞎忙一通，在櫥櫃裡翻找一件根本無關緊要的東西，只因不知道該如何周旋於女兒的話和媳婦的眼淚之間。媽媽消沉地癱坐在廚房的桌旁。她發現農莊的生活充滿奇怪的規矩和令人困惑的習俗。她不習慣參加這類盛大的社區葬禮，也不懂儀式背後的象徵意義。她並不經常流露情感，但這一次未免表現得太激烈了。她說，不過就一件鬼大衣嘛。我突然意識到，這一切都與金錢有關。因為媽媽想省錢，爸爸才沒有合適的外套可穿。

幾年前，父母舉債買下我祖父舊農場的土地，那筆錢由於利率的飆升竟變成巨額的債務。媽媽說，他們如果花掉錢會被數落，如果不花掉錢，還是會被數落。她知道自己失敗了，他們本來應該厚著臉皮掩飾這一切的。我父親可能要過幾年才會原諒他妹妹。從此之後的幾年裡，他會特別注意我們參加葬禮時的打扮，確保我們的衣著得體才行。

§

銀行經理會定期來拜訪我們。

桌上擺了三杯奶茶以及三盤蛋糕和餅乾。銀行對帳單和票據的文件夾也擺出來了。他們交談，我卻被打發到外面幹活，這是不想讓我明白實情的意思。但到下一頓飯的時候，父母間默默的眼神交流足以說明事情真不樂觀。

§

爺爺故意對家人所處的生活環境視而不見，並且毫不鬆懈地堅持下去，直到去世為止。爸爸負擔不起祖父那樣的人生觀。他說，就算最終免不了破產，我們還是得做點事。

我找到幾位經濟學家的書，他們似乎了解這個艱困的新世界的規則。我熱切想了解他們所知道的一切。我欽佩他們實事求是的精神，即使我知道這代表我依戀的世界將不留情地終結。

約瑟夫．熊彼得（Joseph Schumpeter）早在一九四二年就已看出這個趨勢。他認為，小農場的消亡不僅無可避免，而且對社會來說還是一件好事。他形容那是一個銳不可當的資本主義過程，被他稱為「大風沒完沒了刮著，為創造而破壞」。經濟學家說，誰也不喜歡站在歷史錯誤的一邊，大家都想跳過它。小農就像煤礦工人一樣，都是昨日黃花。他們必須重返學校接受培訓，然後重新出發。尼克森總統的農業部長厄爾．巴茨（Earl Butz）[13]一次又一次地告誡農民群眾「要麼變大，要麼消失」，並盡量將農地用來種植例如玉米等商品作物。他說，過去走的路是死路，必須廢掉：「在我國全面投入有機農業之前，必須有人先做出決定，美國人當中，由哪五千萬人去挨餓或者餓死。」

和父親一起工作時，我會拿這一類的經濟思想和他分享，但他只發出沉重的嘆息聲，什麼話都不說。我知道我們必須提高「產能」、增加「效率」。我們必須自私一點，不要把大量的時間浪費在賺不了錢的事情上——父親會自告奮勇整理村子的公有草地、粉刷村子的聚會廳，或者幫助鄰居剪羊毛或是做乾草。他喜歡馴服幼駒，可以一連數小時專心從事。他喜歡去拍賣市場跟人交易，買進或是賣出幾頭牛羊。

新技術以及運用新技術的方法令我家的農場瓦解了，就像有人拉扯舊毛線衫上鬆脫的那條線。首先，馬不見了。接著，豬消失了。然後，一小群一小群的火雞和母雞也不知所終。農場一塊一塊被剝走，這就產生各種連鎖反應。馬兒一旦賣掉，就不需要在田裡種燕麥了。乳牛離開之後，擠奶架旁長出蕁麻，而奶油攪拌桶、攪棒和模子則被塞在食品儲藏室裡積滿灰塵的架子上。我們不再種植蘿蔔或大麥，改從當地的工廠購買廉價的綿羊飼料。這些飼料是用美國進口的羽扇豆、玉米或棕櫚仁製成的。在爸爸租來的農場上，所有田地很快都變成了清一色的綠。

§

先前，作物單一化的趨勢在整個鄉間即已開始，而現在速度更快了，因為大家都有樣學樣，想跟上集約化新式耕作的腳步。我親眼目睹了大崩解的高潮階段。農場放棄輪作，專門種植某種農作或是飼養某種牲畜，並且使用人工肥料和殺蟲劑、購買新的器

13 一九〇九～二〇〇八年。美國政府官員，在理查・尼克森（Richard Nixon）總統和傑拉德・福特（Gerald Ford）總統時代擔任農業部長。他的政策有利於大規模企業化農業的發展，並終結了新政計畫。

械，只要可以增加產量的方法和構想問世，大家便爭相採用。這像在玩軍備競賽，現代化的大農場想方設法要吞掉像我家這樣傳統的小農場。

§

農業趨勢的發展使人幾乎不可能選擇另外的路。農民無法選擇按下「暫停鍵」，堅持依照自己心願，停留在時間流的某一刻。他們只會破產，或者像我們一樣陷入債務的漩渦。農產品的價格現在是全球性的，而且由於北美地區發展的超高效新農業占了主導地位，這種價格又被大量生產的商品壓低了。如今，此一現象正迅速地擴及全球各地。

歐洲設法透過較嚴格的管制和保護政策（採用另類的耕作方式，或是對於動物福利以及抗生素的使用頒布不同的規定）來阻止或減慢其過程，但通常收效甚微，而且隨著時間的流逝，許多相同的問題也浮現出來了。新的耕作方式損害了舊的耕作制度，從根本破壞了它。價格不再反映當地或是當季的農業現況。實際上，今天我們綿羊的價格竟是幾十年前的一半或者更低。每當羊肉價格上漲，裝滿冷凍羊肉的巨型船舶便從紐西蘭駛抵英國港口，肉價再度被壓下去了。

有位留著小鬍子、為政府工作的威爾斯人每年會來我家一次。他鼓勵我們積極申請政府提供的補助金，以便擴大田地、排乾沼澤積水，總之就是在整體上提高「生產力」，從而「改善」我家農場。

§

有時我會被送往在地一些最大的農場工作，同時親身體會新時代農耕的實況：不長雜草的廣闊田地、大型機器以及宏偉的建築物。我在成長過程中所認識的那些農場如今看上去有點混亂，因為它們逐漸在舊房舍間增加了新建築，像寄居蟹那樣的效果，脫下一個又一個已容納不下身體的貝殼。

§

在一九五〇年代，當地的農舍突破建築物面寬不得超過二十二英尺的舊規（這是用當地樹木做橫樑的最大跨度）。每隔十年就可看到新建築物比舊建築物大一些，如今幾英里外的地方，農民紛紛建起巨型的棚屋和碩大的產業建築群，都由結實的鋼樑和混凝土板構成，跨度超過八十英尺，長度也達二百五十英尺或者更長。沒隔多久便出現一些看起來像工廠而且也和工廠一樣效率很高的農場。

在伊甸山谷中某處我們知道的養豬場裡，主人用推土機破壞帶有漂亮拱門的古老砂岩穀倉和馬廄，令其化為一堆堆碎石，唯一殘留的只有一塊預計將在其上築起新棚子的石質基座。父親認為，這是輕率的、故意的蹂躪行為，是新式農耕的癥候，全然不尊重古老的東西。從新思維的角度來看，這些老建築就是礙手礙腳。

十年前，我和一個住在那農場的平房裡、有著一頭淺黃色頭髮的男孩一起玩。他家養了五千頭豬。我們在棚屋裡遊蕩，經過分娩籠的旁邊，看著將鐵鍊弄得啷噹作響又哼哼叫著的母豬。我們掀起豬圈那積滿塵垢的罩子，定睛瞪著在橘黃色加熱燈下尖叫的仔豬。豬糞中的阿摩尼亞熏得我們眼淚直淌。鼠輩四處橫行。有個嘴裡叼了根菸、專門照顧豬隻的人要我們「滾遠一點」。

到一九九〇年代，該農場已具將近十二萬頭豬的規模，每星期固定把五千多頭豬賣給一家超級市場。農場主人有一支卡車車隊，負責運進豬的飼料並將豬送去屠宰場。回顧過去，他確實沒有太多的選擇。新式農場有效壓低了豬的價格，使其剩下往日高價的小小成數，而且每頭豬的利潤縮到如此之小，以至於只有龐大的企業才有能力生產豬肉，其他中小規模的農場根本無法與其競爭、無法生存。

父親曾經養過十四頭母豬，每年大約可售出一百頭育肥的豬，但我們的農場和其他成千上萬的農場一樣，都放棄了小型的養豬事業，取而代之的是一些企業規模的養豬場。養雞業的情況亦復如此，因為養雞也很容易走企業化的道路，這樣便可以用最便宜的穀物來飼養。這些作為在在反映一個事實：我們遷就並且適應了世人的意願。

§

我不確定最初那些似乎很好的主意何時竟顯得衝過了頭。我不敢自詡有什麼超凡的見解。我只記得一些短暫片刻：第一次看到爸爸的疑慮越變越深，或者自己對未來的信心開始動搖。

多年以來，我一直知道事情有其難纏的一面與壓力。家裡不得不辭退熟練的農場工人，因為我們被農場交貨價格（Farmgate prices）[14]壓得死死的，而且牲畜的飼養規模

14 農場交貨價格是指，以賣方按照合約規定的日期、地點（通常指農場）提交貨物，並負擔貨物交由買方接收前為止的一切費用和風險為條件的價格。貨物交由買方處置後，賣方即可按合約規定收取貨款。買方必須在合約規定的時間、地點接受貨物，並負擔之後的一切費用和風險，包括因出口而徵收的一切關稅和捐稅。

已超出我一度認為可行的範圍。我們知道有些農民最終無法應付過來，在工作、債務和混亂中滅了頂。很多農場變得髒亂不堪，你已無法視而不見。

我讀到的經濟學書籍都在描述事情如何變得更好。他們不談失敗的人及其困境，不談多年甚至是數十年間始終掙扎度日的人（因為除了農耕，他們一無所知）。我們社區正在破裂、崩解。

§

乳牛留下來的唯一痕跡是集糞池表面那層殼上的蹄印子，以及一個骯髒的、攪動過的地方。牠掉下去了。

為了找回牛群裡的幾頭牛，我們步行穿過田野。我們在距離家裡幾英里遠的地方租來一塊地，牠們就是從那裡逃走的。這些兩歲的小母牛個性輕率，矮矮胖胖，長了一身捲曲的紅毛。牠們從一道舊樹籬間擠出去，漫步於一片崎嶇野地，穿過第二道樹籬，然後再經過一大片野地，最終闖入一座新式的大型酪農農場。

我們找回絕大多數的牛，安全地把牠們帶回原處，並修補了樹籬，然後再回頭去看看那隻不知去向的牛究竟發生了什麼事。爸爸很快就找到答案：牠闖進那座酪農農場的集糞池裡！牠在那看似堅硬的表殼上跑了幾步後，便陷入池子較深的地方，然後沉到黑暗之中。爸爸既沮喪又憤怒，因為池子沒有恰當地圍起來，顯然十分危險。起初他似乎打算自己爬下去，以確定母牛真的掉在裡面，不過謝天謝地，他好像想到比較高明的點子。

農場主人現身了，看起來滿懷戒心，直說我們的母牛不可能掉進池子裡。爸爸要他別再睜眼說瞎話了，只要抽乾池子就能找到。他說，假設對方圍了護欄，我家的牛也不會遭遇這種下場。對方應該在集糞池的周圍設置安全措施，否則不知哪一天會有小孩子掉進去淹死。在回家的路上，他高聲嚷道，現在有些農場就是一團糟，又痛責它們危機四伏。他說：「那些地方真他媽的要命。」彷彿大家都被捲入漩渦一樣，儘管可以設法游快一些，但是精力終究慢慢耗盡，最後陷入黑暗之中。

§

我們站在一個小棚屋的屋頂上，用拔釘錘和撬棍從穀倉上取下木板。當時是溫和多雲的天氣，木板上沾滿了露水。蒸氣從我們開的孔洞中逸出。自從肺炎暴發之後，我們設法讓更多的新鮮空氣流入室內，這種肺炎在溫暖潮濕的地方最易傳播，例如我們那種擠滿牛隻的棚屋便是。

每年秋天，父親都會在當地的市場上購買一週歲的小牛，「為肥育而購入的牛」。夏季，牠們會在田野吃草，到了冬季，則被安置在像這樣的穀倉中，睡在用稻草鋪墊的地面。牠們是新的「大陸」品種，發育迅速，肉長得很快。紅毛和黑毛的利穆贊牛（Limousins）野性未脫。白毛的夏洛來牛（Charolais）比一些古老的本地品種高約一英尺，如果餵養得好，牠們的體重會大幅增加。黑白毛間雜的比利時藍牛（Belgian Blues）長著雙肌臀。爸爸飼育牠們，庇護牠們過冬，又為它們增肥，然後賣給屠夫。

不久之後，我們將廢棄的乾草倉改成了一個養牛的棚子並裝上門，這樣牛兒就可以走去吃青貯飼料和購入的飼料。年復一年，我們養的牛越來越多而空間則越變越小。由於利潤逐年遞減，我們不得不塞進更多牛以賺取相同的回報。但這引起諸多問題，因為養在穀倉中的牛太多，牠們會踩踏自己的墊草，把環境弄得很髒。在通風不良且經過改造的建築物中，空氣可能很快就飄起霉臭味，牛兒擠在狹窄的場地中會很快速傳播疾病。有時，我們會遭遇一場慘禍，折損兩三隻小公牛，如此便把整群牛的利潤都抵銷了。這些牛雖然好，雖然漂亮而且生長速度又很驚人，卻不像過去我們飼養的本地牛那麼強壯。

我們養的羊也比祖父當年養的羊多兩三倍。父親去祖父的農場裡幹活時，就由我和母親照顧產期的母羊。後來，我們改養較現代的、生長速度較快的「改良」品種，而且其屠體價錢更好，只是牠們都不是稱職的母親，吃掉較多外購飼料，而且常常無緣無故就翹辮子。

在母羊產羔的時候，我們一天二十四個小時根本不夠用。這時，穀倉內部會把稻草捆用打包繩綁在棧板上圍成畜欄。媽媽四處探看，確保所有弱小羔羊都餵飽了，水桶也裝滿了水，還為牠們鋪上乾草和墊子以保持清潔，無奈穀倉裡的羊兒總是太多，而我們的人手卻嫌不足。

等雨停後，我們會將最健壯的母羊和羔羊用拖車運到田間，並確認年輕的母羊知道如何正確養育自己的幼崽。我會幫助媽媽抓住每一隻分娩的母羊，按牢牠們；因為幾年前她腳踝骨折，這令她勞累一天之後走起路來一跛一跛。

父親回家時又累又餓，但又不忘開口批評我們母子照顧羊兒的任務，並說荒丘上的天氣多麼糟糕，母親聽了難免火冒三丈。他坐在匆匆擺好飯菜的餐桌旁，丟了一句：「怎麼沒有叉子？」母親看上去好像可以把一支叉子狠狠捅進丈夫胸口似的。

§

在我看來，家裡對動物的想法和互動方式很明顯正在發生變化。我們從不曾將農場上的動物當成寵物來養，也很少對牠們產生情感，但是隨著農業規模越變越大，越來越工業化，原先很多因照護而產生的密切關係也逐漸消失了。我們對農場動物的性格瞭若指掌：每一隻都有背景故事。如果人家稱你為「牧場主」，那麼便期待你對自己養的所有母牛和母羊具備百科全書般的知識。但是，在不斷發展的現代農場中，有些改變發生了：倒不一定是虐待動物，這種情況我沒遇到太多，但更常見的是，牠們已成為生產的零件。

大部分歷史裡，肉、奶或雞蛋之類動物產品的價格一直不低，因為當年無法以企業的方法加以有效量產。現代階段之前，飼養數千頭豬、母雞或牛的農民必然會被飼料供應的問題搞得焦頭爛額。動物吃的東西大部分是農場自己種出來的，且在一年中多半的時間裡，都還是靠動物親自用嘴去收成的。於是，這將畜牧業的規模限制在農民於整個冬季能夠照應、餵養得來的動物，牠們吃的通常是像蘿蔔一樣堅韌耐寒的作物，或者是可以儲存在穀倉中像大麥、燕麥和乾草等的收成。

但如今這種限制解除了，因為僅需打通電話就可以買進大量的廉價飼料。農民在可以嚴格控制環境條件的大型建築物裡輕易地擴大飼養規模，從而以極高的效率將飼料轉化為肉、奶或雞蛋。沒有哪個懂得精打細算的現代農民會像我父親那樣飼養老黑這種老牛。在那些巨大的現代棚屋中，豬、雞或牛不以個體的身分存在，而更像一株株農作物，這是大規模生產的一個整體，大家談的是其「總產量」。對大多數人來說，這也許無關緊要，但我覺得這現象令人不安又有疏離感。

§

在我們熟知的現代化乳牛場中，乳牛根本不需走下田野。一旦農場牛群達到大約兩百頭的規模，讓牠們外出就會變成頭痛的問題，例如阻礙大小馬路上下班汽車的通行，雨天時會破壞田野，因為大群牛隻可觀的總重便足以壓壞草地。割下青草並用拖車載到飼育棚裡的做法效率更高。從物流的角度來看，這辦法很聰明，而且幾乎別無選擇，但是父親偏不喜歡。公開談論這事實在尷尬，因為我家朋友都這麼做。

當時，超級市場一直促銷便宜牛奶，把這當作價格戰來打。眼見牛奶的實際價格跌到低於瓶裝水的價格，酪農再也無法坐以待斃。這些酪農必須擴大飼養規模同時採行集約作業。他們說服自己，新方法確定沒關係。據他們說，母牛養在穀倉裡看起來很好，而且他們也盡了最大的努力。

父親並不是捍衛動物權利的活躍分子，他自己的牛在冬季時也站在牛棚的隔欄或是穀倉裡，有時看上去有點髒。他接受集約式養牛的現實，但是不讓牛在田野裡度過夏天或是不讓牠們在春季時享受在草地玩耍的自由，這就與他所認定對待牛的正確方式相違背了。但是，新式農業開創新的道德倫理規範，身在其中的人不得不改變自身原則，而最初令他們震驚的事很快就成為新的常態。

§

我讀過的歷史書都清楚表明，上述情況根本就不正常。二十世紀以前，將大量牲口限制在一個畜欄、穀倉或田地中超過一段時間，等於自找麻煩。被關在室內的動物要麼容易生病，要麼無法健全發育，因為骯髒的環境導致疾病和寄生蟲的傳染，也因為牠們根本無法獲取所需的維生素和礦物質。因此，今天採用集約化方式經營畜產的農民容易遭受災難性的損失。

在野外，許多寄生蟲都活在牛、羊、豬和雞等動物的身上，但是由於動物分散在農村並與其他物種雜居，因此把寄生蟲對畜群的破壞力降到最低（寄生蟲少有機會在同類宿主之間來去）。藉由唾液、尿液或糞便傳播疾病的機會十分有限。自由覓食的野生動物往往會自己移動（或被掠食者強迫移動），因而離開被自己糞便所覆蓋的土地以尋找新鮮的草場，所以牠們很少接觸到腸道寄生蟲。傳統牧業傾向模仿野外行得通的方式：牛羊通常是由牧人帶往各種自然環境中覓食，或者自己在整片野地上遊蕩，這樣的牛羊才是最健康的。牠們攝食種類繁多的植物，而這些植物不僅是牠們的口糧，還為他們提供礦物質和維生素，在某些情況下還能充作藥物。

新式集約化農牧業將動物安置在不健康的環境中，牠們因此變得骯髒、壓力過大、染患疾病，而業者便使用藥物（特別是抗生素、驅蟲藥、荷爾蒙和疫苗）來解決這些問題。在飼育空間擁擠、企業規模可擴展的情況下，使用抗生素可使動物保持健康，不再染患曾經侵害牠們的病。

當然，抗生素以前就被用來治療染病的個別動物。比較令人擔憂的是，這種藥物開始施用於成群的大批動物以便預防疾病，並且促進生長（這點教人十分驚訝）。一九五〇年，紐約的科學家發現，在動物飼料中添加微量抗生素可以提高動物的生長速度。此後，抗生素便常態性地被添加在動物的飼料裡，這種做法在集約化程度最高的美國體系中特別風行，施用於牛、雞和豬身上，以提高飼料轉化率。

抗生素和疫苗的背後還有一大堆其他的醫療產品，例如從動物嘴巴灌入的驅蟲藥可以殺死其消化系統中的寄生蟲、用殺蟲劑來消滅例如蝨子等體表的寄生蟲、注射荷爾蒙使動物發育得更快，或者為綿羊提供有機磷酸鹽的浸劑，以去除皮和毛的寄生蟲。有了這些藥劑，農民如今能夠以前所未有的規模將動物集中飼養在狹窄的空間裡。農場搖身一變成為機器。這是講究數據的農牧業，彷彿是會計師精算出來的成果。評論家稱其為「工廠化農業」。

§

有時，大型的乳牛飼養場會僱用父親幫忙收割穀物。他駕駛大型的曳引機拉動大型拖車，將穀物從田間運到穀倉，然後他目睹了乳牛的飼養方式。他討厭「能免則免」的草率職業道德，經常回到家就抱怨連連。他說，那個農場的乳牛每天可供應十加侖的牛奶，但是牠們的處境極困窘，由於被擠了太多的奶汁，身體健壯不起來。牠們無法抵抗惡劣的天氣和疾病，因此不得不像純種賽馬一樣被人細心呵護。畜群中隨時都有大約十分之一的個體不良於行，原因是膝蓋和跗關節處長瘡。牠們像老烏鴉一樣瘦削，垂著一對容易患乳腺炎的腫脹大乳房蹣跚走動。

某天，有頭母牛生下小牛。似乎誰也不覺得關心這件事是自己的本分，結果幾小時後小牛冤枉死了。父親既生氣又困惑。他不理解怎麼會發生這種情況。農場主人的老父親事後來到現場，只咒罵一聲躺在混凝土地面上的小牛。這裡顯然沒人會以父親一度引以為傲的方式來照顧母牛。他說那些人都是「沒用的混蛋」，但似乎也對這種新的制度感到沮喪，對這種令往昔照顧方式顯得落伍的新制度感到無能為力。他現在年紀太大了，對於眼前的情況一點對策也拿不出來。那些人只是聳聳肩膀，然後又去處理下一個工作。

在父親看來，農事、土地、母牛和人的價值都被貶低了。從事傳統農耕的人，自信心被擊垮了。農民對自己能仔細觀察和判斷事物之能力的自豪感正在消失。

以前祖父站在大門前向外看時，都是藉著仔細而周到的觀察來明瞭一些事情的。以傳統方式管理動物需要專業知識和判斷力，還得有熟練的技術人員來照顧並了解動物的需求。這些技術碰上大規模生產就幾乎沒有用武之地。傳統照顧動物的方法不可能標準化或具可預測性。動物的大小和形態各異，又在不同的時間達到成熟階段。只要時機一到，農民就會屠宰、保存、煮熟動物的肉，而這並不是週週為之的例行工作。這絕不是可在同一時間上市的相同商品，所以和工廠的生產理念相距很遠。令人難以置信的是，如今農場的牲畜已經變得標準一致。

我家朋友中就有一些走上超級集約化農業的新道路。我在酒吧或是農業展覽會上與他們交談時得知，他們的運營方式很明顯是嶄新的。他們徹底是另外一種農民。他們運用科學、技術和工程方法來解決農業的問題，並使其全部以產業效率的標準來運作。他們體現了經濟學家的理想。

研究動物遺傳學的科學家能夠識別並且消除「無用」的基因特徵，其中包括一些動物在半自然環境中始終需要的相當基本的屬性和本能。研究的重點後來轉移到產量效益的面向上，例如生長速度、體重增加、奶汁產量提高以及飼料效率。動物用來運動、覓食甚至自然繁殖所需的身體部位一代代退化下去，而可供人類食用之有價值的部位則增肥變大。農場動物這些體質上的變化並非一蹴而就的，不是靠哪一種神奇的妙方達成的。那是結合多種科學學門以及工具才得以發現的「邊際收益」，與菁英運動團隊的組合方式並無二致。然而動物外觀的變化才是最值得注意並且教人不安的。

產能提高幅度最大的是豬和雞。牠們可以被大量圈養起來，能夠以極快的速度繁殖，並以育種的辦法繁殖，以便將廉價的玉米或小麥有效地轉化為肉。根據我讀到的資料，一九五〇年代以來，在最集約的系統中，雞從孵化到宰殺所需的時間從六十三天減少為三十八天，而每隻雞所需的飼料量也減半了。此外，這些新品種的豬和雞都用抗生素來維持生命，除被餵食大量的蛋白質外，還在恆溫的條件下飼育。農場上的動物一直被剝削（雖然這字眼很負面，但基本上說得沒錯：所有細胞生物都需依賴其他生物方能存活），而在這些集約飼養的動物身上，這種情況已被推至極端。

大企業促成這些改變，並且「擁有」豬或雞改良後的遺傳基因及其供應和加工鏈。養雞業幾乎完全被大企業接管，而小農差不多都消失，或者和大公司「簽合約」，為他們養豬養雞。到我二十歲的時候，除了幾英里外的一兩個巨型企業化養豬場，幾乎所有地方的農場都看不到雞或豬。

我們許多朋友和家人都是酪農，所以能就近看到這圈子的變化。父親小時候，家裡大多數的乳牛都是短角牛：紅白色或是沙色，而且體態矮壯，能適應戶外所有的天候條件，還可以供奶供肉，同時價格合理，只是品質並非很高。

從歷史紀錄中可以精準看出以傳統方式飼育之乳牛的生產力。短角牛品種年鑑記錄了牛奶的產量，同時指出，從一九五四至五五年，我們這地區最大的牛群係由三十三頭母牛組成。短角牛協會（Shorthorn Cattle Society）為產量最高的牛隻（每天生產三至四加侖牛奶）頒發獎章。在一九六〇年代至一九八〇年代，短角乳牛的數量首度被菲仕蘭黑白花牛趕過，然後到一九九〇年代又被北美的霍爾斯坦牛超越。這些經過精心改造的牛，其產奶量是我小時候父親養的那些乳牛產奶量的兩倍以上，即每天可供應九或十加侖的奶。這值得我們暫停一下來思考這現象。

經過一萬年的馴化和逐步的選擇育種，人類方才培育出每天能產四到五加侖牛奶的乳牛，但在我這一生中，這個數字竟已翻了一倍。歷史上幾乎沒有人能在農牧領域取得如此重大的變化。表現最好的新品種母牛，在精力枯竭之前通常只能達成兩到三次的泌乳任務（產犢之後的泌乳週期），因為之後牠們便會染患腳疾、乳腺炎，或由於生產過多的牛奶而導致疲乏。爸爸瞧不起霍爾斯坦乳牛，他說，這種牛稍微淋到雨就感冒。

值得注意的是，這種集約化的進程仍在加速而非減慢。如今英國最大的牛群由一千多頭乳牛組成，而世界上其他地方的牛群甚至可高達數萬頭。現在英國的牛奶超過百分之五十是由始終住在室內的乳牛生產的。核心種畜群中的母牛改變如此之快，以至於產下的後代只有頭胎的母犢被保留下來，因為一年以後，那些母牛二次產犢時，母犢的基因已不同於親代的基因。

§

畜群被養在室內後，曾在我家最平坦的田地上比賽足球的大批農場工人便離開了。我家最後一個住在農場上的工人斯圖亞特（Stuart），在一九七八年搬出我祖父家的小臥室，住到當地的鎮上去。他就像我家的一份子，後來他罹患癌症，都由我祖母親自照護。他甚至比我祖父更像老師，指導我父親農技方面的實用知識。

三十年前，這樣的人（無論男女）無處不在。他們非常了解田地，有時比農家雇主了解得更透徹。但是，一年一年過去，田間工作的人越來越少。現在，大多數人從不踏進養活他們的田地，這可說是將他們從不動大腦的繁重工作中解放出來，但也可以說是與維持吾人生計的重要過程脫鉤，就看你如何界定了。

§

現代人的生活變得比較支離，比較私密，被關在了門後。我父親那一代人熱衷的地方舞會很少舉辦了。一九八〇年代開始禁止酒駕，許多人不再上路去參加這一類的社交活動。村子裡的酒吧早在二十年前就關門大吉，現在人們大多待在家裡。父親有些朋友想盡辦法抗拒這種情況，然而在從遠村酒吧回家的途中便遭遇各種窘境：被警察追捕時，抄捷徑穿越蘿蔔田或大麥田，然後在凌晨時分滿身泥濘但得意洋洋地回到自家農舍。

村民的集會堂年久失修，裡面積滿灰塵。村子裡的人口減少，而且年紀越來越大。現在的人從鎮上退休後都想搬到一座漂亮的村子裡，而且他們比最後一批在地的農場工人有錢，因此那裡的社會結構也發生變化，中產階級的調調變濃厚了。

隨著電視與新居民的湧入以及現代世界科技的來臨，文化方面也發生轉換。現在，許多人的生活似乎都沿著當地城鎮的文化軌道運行，例如店鋪、電影院和休閒中心，而不再融入當地的農業場景。我小時候，豐收節和村民聚會所的水果、果醬、太妃糖及麵包的拍賣會，是一等一的大事，但現在卻乏人問津，變得沒意義了。

§

我們所認識的、經營現代化大型農場的人，說起話來很像厄爾·巴茨。他們通常在農業大學接受教育，並且認為效率是唯一的指導原則。他們是「商人」，為了生存而全力拚搏，而其他被拋在後面的人只能放棄務農。他們所從事的一切必須巨大而快速。他們是冷酷的資本家。爸爸對他們有點困惑。他說那些人是「穿襯衫打領帶」的農民，開著最新款的路華，未免「太浮華了」。他們兩隻手乾乾淨淨，說起話來好像是在公司裡高就似的，會舉出每一頭乳牛的平均產奶量、穀物的含水量或是生產成本的數據，手下經常有幾十個人在為其效勞。

新式大型農場的員工流動率很高，因為現在的工作枯燥乏味又骯髒、不需要什麼技術，比較像重複的工廠勞動，與昔日那種熟練的「飼育管理」或是「農耕技術」沾不上邊。移工來來去去，沒人真正知道他們姓啥名誰。早年的農場工人常認為自己和雇主在工作上是平等的（至少在我家那種小規模的農場是這樣），然而現在的工人甚至沒去過農舍附近的任何地方。爸爸認為這些農民忘了自己價值何在，經常做出逾越本分的事。最令人不理解的是，他們的所作所為都無法化耕作為樂事：親自下田做技術性的工作或是做飼育家畜的工作。儘管新一代的農民比爸爸富裕得多，他還是覺得對方很不幸，因為在他看來，天下最堪憐的首推困在辦公室的企業老闆。

§

老人家用鏈鋸鋸木，它那兩種調子的哀訴聲從遠處的樹林反射回來。我拾起鋸下的、落在他背後的圓木，有年輪的斷面呈現鮮亮的橙色。我把木頭扔進拖車，帶回家裡乾燥之後充作柴薪。細小枝椏扔成一堆，然後放火燒掉。我們正在清理以前修築和維護過的一道種滿荊棘的古老堤岸，如今我們不需要那些荊棘了。

我們基本上已經不再以傳統手工造樹籬了。就像用長柄鐮刀割除薊草的工作那樣，再也找不出時間和人手來從事了。我家最後一位農場雇工約翰因年老而退休，從此之後，他一度協助執行的這項技術性工作便無人接手。起先，樹籬變得比較蓬亂，枝椏朝上生長；過了幾年，樹籬的底部不再茂密、纏結，到處長出多種不同植物，殘留下的只是一排老朽、雜蕪的荊棘株。枝椏斜冒出來，劃傷我家昂貴的曳引機，又浪費了很多草料，因為樹蔭底下的草通常不割。此外，暴風雨一次次來襲，老樹漸被吹倒，這樣便無法再充作邊界，所以才用鏈鋸或挖掘機將其清除。如此一來，我們獲得了更寬闊、更符合效益的田地。

曾幾何時，樹籬和石牆竟成了討人厭的東西。對於沒有被翻掘剷除的樹籬，我們就在曳引機的側面裝上一組設備（有如伸縮臂上的一具割草機）來解決問題。不消太久，它們已不再是具有纏結密實之核心部位的真正樹籬，不過其頂部修剪得平坦整齊，遠處望去，依然有模有樣，但已不是我童年時熟悉的茂密樹籬了。隨著荊棘數量減少、樹齡增長，景觀變得單調許多。

我把最後幾根圓木扔進拖車，回頭看看那一度長著蓬亂樹籬的地方，回想起自己曾經和五、六個鄉下孩子在那裡玩捉迷藏的光景。十幾歲時，我親眼見到一個年紀比我大的男孩在那裡用空氣槍射中兔子。牠翻了幾個滾，好像設法要擺脫卡在頭部的子彈。現在樹籬被砍掉了，往事也被抹除。

從第二次世界大戰後到今天，英國超過一半的樹籬消失了。每年消失的總長度超過數千英里。有些樹籬已有數百年的歷史，裡面寄居許多奇妙而稀罕的生物。當時沒有人考慮到這點，但隨著時間的流逝，它的價值越來越明顯，越來越重要。

§

對於新式農業的疑惑起先只如耳畔的絮語，到最後竟演變成震耳欲聾的巨響。光陰流逝，經營新式農業的成本似乎不斷增加。我們不是贏家也許反而不錯。我能應付局面、適應變化並且生存下來。其實過了一段時間，很難看到有人真能成為贏家。我小時候去玩耍過的大型養豬場宣告破產，為抵債而被拍賣掉。早年鄉下景觀像塊拼花布，充滿勞動的人，充滿各種各樣的農場牲畜與農作，此外，田地還有許多野生的動植物。如今，取而代之的是乏味、單調、空蕩、變質、人跡罕至的景觀。

§

我們看到的「進步」越多，就越不喜歡「進步」。而且我們總有一些可以用來衡量它、批判它的標準，因為在祖父的荒丘農場，出於某些原因，從未發生過全面的「進步」。

我們堅守那個落伍的小農場，而且在父親和我的眼裡，它變成了新式農場的對立面。這兩種不同農業的奇怪組合出乎意料地改變了我的家庭。

我們經常能看到某座英國農場「改變前」和「改變後」的例子。它讓我們得以進行判斷和比較，而其他農民一般是無法做到這一點的。最明顯的比較是從我家兩座農場之間的路邊得來的，那裡住了一個叫亨利的老人。

§

亨利看起來就像是你我既定印象中的老農夫。他的體格壯實、臉色紅潤、肚腩鼓起。他穿著粗花呢長褲，皺巴巴的夾克口袋裡露出草捆繩和乾草把。他的步態平穩，說話語氣也很平穩。我們不曾花太多時間與亨利相處，不過知道他是好人。他承租的農場和我家的農場相鄰。那是一個歷史悠久的好地方，有高大的石造穀倉以及漂亮房子，比我們的住所來得宏偉。該處想必曾是座富庶的農場，只是現在似乎已經過時，看不到現代農場典型的巨大鋼構建築。

依我們看，光提到亨利的名字就彷彿說了一個戲而不謔的笑話，彷彿說他和現代化沾不上邊，已被持續長進的農民鄰居遠遠拋在後頭。他的農場是一座舊式的混合農場，田裡輪作大麥和蘿蔔。到了冬季，他會撒下從牛棚裡扒出來、在堆肥中腐化的混合了麥稈和牛糞的肥料，而不用如今我們都開始使用的人工肥料或水肥。一群群體型碩大的黑面薩福克（Suffolk）綿羊在田裡吃大麥殘梗或蘿蔔，而背部寬厚的赫瑞福（Hereford）牛群則在牧場上吃草。

亨利是個好農民，但那是以一兩代以前的標準來判斷的。在我們眼裡，他做事的方法和父親以前所堅持的如出一轍。他對變革不感興趣，但還是以某種方式倖存下來。我們推測，他之所以有驚無險，是因為他沒有妻小，可以在手頭不寬裕的情況下「安然度日」。

亨利好像陷在過去泥淖中的最後一隻巨龜，因為像他那樣的人都消失了。我小時候，父親在行經亨利農場旁的大馬路時會說起對方的老式農法。他會在夏末曬製乾草，而不像其他鄰居那樣準備青貯飼料。他割草的時間比大馬路另一頭集約化的農場晚兩個月或甚至更晚，也比我家晚一個月。「亨利老先生現在才在割草啊……」

爸爸喜歡亨利。他會友善地開開對方玩笑，調侃他「跟不上時代」，但多年來，他的語氣流露出的是更多欽佩而非不屑。不管爸爸說什麼話我都充耳不聞，我自顧看著小辮鴴從亨利的田地飛起，看著牠們拍動著的槳狀翅膀在冬日陽光下閃爍著白色、黑色和翠綠色。我清楚記得冬季時，他農場上方的天空總是盤旋著麻鷸、小辮鴴、白嘴鴉，以及成群的北歐鶇。直到數年以後，我才真正理解箇中原委。

亨利死時，他的鄰居似乎為最後這位舊式人物的逝去感到悲傷。他可能不是農業的急先鋒，但還是普受歡迎。那片土地的地主將亨利的農場分割成幾塊，並將其劃入鄰近更大、更現代化的農場中。父親有一位朋友在那附近耕作，他也取得了亨利的部分土地。他延請一位土壤分析師前來評估，應該在土壤中添加什麼成分，以便提高土地的生產力（他認為總要撒一點人工肥料或是石灰才能達到高效生產的目的）。集約化耕地的土壤必須定期測試，以便了解需要使用哪些人工的營養素。

但是這位分析師回報，那裡的土壤在他曾經測試過的樣本中稱得上數一數二的好。亨利農田的土壤很健康，所以什麼都不需要添加。那裡滿滿都是蚯蚓，這是土壤肥沃的證據。

父親覺得這個消息發人深省，同時令他震驚，因為這說明了新式農法對土地造成的影響。該地區最遵循古法的農民擁有最健康的土壤。聚在酒吧裡的男人議論過這件事了。父親說，今天耕作的方式太不正常，而且老亨利比我們這些「混球蠢貨」加總起來所了解的還要更多。

幾週之後，我們又經過亨利的農場，父親告訴我，我們都是不折不扣的大傻瓜。那則消息肯定了一直存在於他心裡的感覺。他從未真正相信過所謂的進步與改變，而且隨著時間流逝，他的懷疑也日益加深了。我們之所以玩起一些新花樣，是因為我們不得不做，例如飼養更多牛羊、購買比以前更大的機器，但執行這些變更時，我們同時也失去好的人。

一切所為何來？如果現代農業使得土壤劣化，使其成為需要越來越多購自商店的化學品來維持地力的東西，那麼它的永續性何在呢？爸爸無法完全擺脫窘境，不過他認清了一切。他不羨慕我們的朋友和親戚所創辦的大規模新式農業企業，那些擁有宏偉建築物、大量機械以及雇員的企業，反而為他們擔心。他認為那些人的處境是艱困的，不但負債累累，而且風險動盪不斷襲來，他們周圍的世界終將崩解。這種危機開始出現時，一些最大型的農場破產了，父親也為他們說話，「我們有誰不曾幹過傻事？」看到農民失去自家農場，這實在讓人高興不起來。

父親知道，真理就隱藏在亨利的土地中。

§

老農夫都說，有糞土的地方就有錢。他們知道必須餵飽土壤，而且還必須用對東西，否則就等於掠奪土壤，導致地力耗盡。

祖父做的堆肥裡盡是乾草消化後的粗纖維。堆肥在冬天腐化，然後利用撒土機撒在田裡。然而，因為後來改用青貯飼料與市售的高蛋白飼料餵養牛群，我們家農場開始出產的牛糞品質就完全不同了。如今，母牛只從肛門濺出糞漿。糞漿中的氮含量遠遠高於糞渣，非但散發出有毒的氣體，而且無法堆疊起來，況且我們也沒有錢設置新式而昂貴的集糞池。爸爸一直擔心，如果不立即攤鋪開來，糞漿會從牛棚裡流向岸邊，汙染河川，結果我們只有坐牢的份。所以我一連九個冬天都在做攤鋪糞漿的工作。

新式農業將兩種本應是互惠互利的環節（餵飽牲口並為田地施肥）拆開，使它們在不同的地方造成兩個企業規模的大麻煩。飼育場中成千上萬隻牲口排出的糞便比其土地所能容納的要多，而現在專門種植作物的農場則不再飼養牲口，因此也沒有可用來給植物施肥的糞便，只能完全依靠哈伯和博世的化學肥料。如今，新式農牧業所飼養的牲口會排出酸度極高的糞便，以至於承受攤鋪糞便的土壤變致密了，一切生機都被斷送。專門種植作物的農場一概用硝酸銨追肥，此舉導致土壤死亡。無論你到哪裡，這條病態的分隔線已將肉眼看不見的生物（每茶匙的健康壞土中含有數十億個）全數消滅，將曾讓土壤生機盎然的所有生物趕盡殺絕。

父親指指路旁距離亨利家一兩英里遠的一片田地。只見一輛巨大的紅色曳引機拉著一個巨大的藍犁。我能感覺到不知哪件事讓他驚訝了。他說：「你看，犁過的地方竟沒有海鷗或烏鴉聚集。」在他看來，這是一件令人震驚的事。他說：「這些田地絕對沒有蚯蚓，全被糞漿毒死了嘛。」

§

回想當年，從我臥室窗戶望出去，看到的正是農莊院子，而窗台下三英尺處則是一排向外突出的穿牆石。待在房間裡的時候，我常覺得不耐煩，自從雙腳搆得著那些穿牆石後，我就喜歡偷溜出去，也一直維持這個習慣。

每次只要和與父親一起工作幾天，我就開始厭惡被他頤指氣使，厭惡自己的一舉一動都被他看在眼裡，所以便趁著夜色外出遊蕩。我會移出雙腿，將腳踩在那石頭上，然後像蜘蛛俠那樣貼著牆面移行，一直移到後廚房的屋頂，那片向田野傾斜而下的屋頂。這時我已躲開所有人的視線了。

五分鐘後，我便來到了山丘峭壁的頂端。我經常去看自家的羊群吃草，讓成長中的羔羊來到我身邊，並且判斷哪幾頭將是羊群中的佼佼者。羊兒閒步走開之後，我會倚靠著大石頭或是樹幹，或者爬上一棵老橡樹。我喜歡依然生長在我家田地上的野生動植物，比方在羊群中間覓食的野兔。

當初蠣鷸曾在朽爛的大門頂端生了三個蛋，如今鳥兒還站在幾年前我和祖父一起幹活的田地上。白嘴鴉在我家牧場上啄食蚯蚓和長腳蠅的蛆。紅隼在堤壩旁粗莖雜草的上空盤旋。也許我最喜歡的當推在我家牧場和草地上神出鬼沒的麻鷸，喜歡聽牠們隨風吹來的鳴囀。我的一生都是在牠們的振翅下和歌聲中度過的。

§

有天傍晚，我拿起一本舊的平裝本，硬塞進口袋裡，然後到外面靠著一棵老橡樹讀起來。我們當地的小鎮有一家小書店，我會上那兒買書。書店老闆有點老嬉皮的調調。他挑出幾本有關自然的書籍，放在桌上以供進店的客人選購。在談到水獺和遊隼的著作中，有幾本充滿憤怒語調與政治色彩，講的是農村生態環境惡化的主題。

在我成長的過程中，家人始終避免讓我接觸這一類的東西。我家很早就在電視上看到關於生態環境注定劫數難逃的論調，導致我們認為鼓吹環保主義的人都是蠢貨。父親很鄙視那些生活顯然過得比他舒適的人所宣傳的道理。有一次他看完這類的新聞報導後便把電視關掉，然後宣布：「如果那些笨蛋繼續搖旗吶喊，我們就辦一個他媽的蝴蝶園。」

我在樹下，手中拿的書是瑞秋．卡森寫的《寂靜的春天》。在翻開閱讀前，我擔心它的內容在於痛責農業。然而出乎意料之外，一段時間以來，自己心存的一些疑惑，我都在其字裡行間找到明確的解答：新的農業技術和實踐方法並不是促成進步的良性工具。那只是化學藥品與機械設備的武器庫，藉著顛倒生物學的法則，從根本上改變了農業的自然環境。讀了半小時後，我把目光從書頁移到面前的田野上，我知道她說對了。

瑞秋．卡森是一位喚醒世人注意農藥（尤其是ＤＤＴ）危害地球的女性。《寂靜的春天》於一九六二年出版，作者在其中說出驚人的一句話：以企業夢想來經營農業是謬誤的。

據她揭露，農藥正在毒害整個生態系統，而農民使用的化學藥品越頻繁，那些藥品被淘汰的速度就越快。

從生物學的角度看，有一件事是肯定的：雜草、蟲子和細菌很快會對噴灑的藥品產生抵抗力（身為美國海洋科學家和自然資源保護學家的卡森經常被誤認為反對一切殺蟲劑的使用，但實際上，在她的著作中，她只主張必要時高度針對性地使用殺蟲劑，並盡可能以生物學的辦法解決問題）。她看清了新式農業之策略（由企業裡的化學家擬定）一直不斷加碼的趨勢，而且採用藥性越來越強的方案，終究在想要維持控制權的農業化學家與動植物的DNA之間引發了一場互爭高下的競賽。

卡森認為，此一局面導致高破壞性的化學物質被使用在脆弱的生態系統中，而人類依舊渾然不知。新式農業妄想打破生物學鋼鐵一般的定律，而不願順應自然的過程。在政客、經濟學家和大企業的慫恿下，農民正在破壞地球上各種生命賴以存續的系統，等到哪一天他們覺悟了，恐怕為時已晚。農戶在自家的田地上變得太過強勢，沒有人注意到這對自然會造成什麼傷害。公民是否還相信這樣的農戶、化學公司甚至政府，能做出正確的事？

§

樹下讀的那本書改變我對一切事物的看法。崩解的地景（包括我家的在內）並非熊彼得所言之「創造性的破壞」，而單純是傳統意義上的「破壞」。

我覺得自己好像從昏迷中甦醒過來。在我從前的觀念中，自然幾乎是被排除在農場之外的。我開始瞧不起祖父的耕作方式，又覺得父親不願走現代化的道路實在可憐。現在我覺得自己笨到離譜，因為祖父抗拒得有道理，而父親出於本能不信任這一切也是對的。我始終在腦海中將世界任意加以編排組合，以使其看起來合情合理。但是現在，回憶好不容易又從我腦海深處探出頭來了。

§

在第一片薊草地噴灑過除草劑的隔天早上，我沿著小徑走下去查看幾天前發現的一個知更鳥的窩。鳥窩靠近薊草，而薊草因化學藥品的毒害，葉片都捲縮起來了。雛鳥全部死在巢中，一束束冰冷的、粉紅的皮包骨，點綴蓬亂的羽毛梗子。我明白這是我的錯。我似乎聽見一個小小聲音在告訴我，這樣是不對的。

我記得當下是如此為自己脫罪的：要解決薊草這個大問題，死三、四隻雛鳥只是微不足道的代價，就算改採割除方式，難保牠們就不會死在我們手裡。我不確定是否真的說服了自己，因為每當想起那些慘遭橫禍的雛鳥時，我就會心生愧疚。如今，讀了

《寂靜的春天》後，我知道自己過去一直在夢遊。從此，我著手閱讀更多卡森以及一些農業評論家的文章。

§

《寂靜的春天》引發爭議的風暴。生產和銷售噴霧劑的公司以及新式農業的遊說團體發動了蠻橫的反擊，但此舉並未擊垮卡森，而且DDT最終被勒令禁用。然而，該運動的焦點始終只集中在DDT上。她另一項更重要的見解（農業已擺脫過去的限制）基本上卻被忽略或是遺忘了。

政府和農民沉醉在技術變革的美好遠景中，寧可相信DDT本身只是一個小問題，看不出那其實是涉及全體人類及其控制大自然之行為，這真是個令人不安的徵兆。因此，儘管有卡森挺身而出，到了一九七〇年代，在發達國家中，農場一味熱切追求企業效率以生產更多、更便宜食物的觀念已積重難返了。

在農業或是政治圈裡，幾乎沒人相信，不斷追求土地的企業效率本身就是一大問題。改變農業的生產過程反而越來越被視為「進步」。戰後的社會呼籲農民，他們的職責在於供應大量廉價的食品，為達此一目的，任何手段均可派上用場。許多農民把這訴求聽進去了，喜孜孜地遂行變革。其他農民則被甩在身後，只能勉強生存下去。這種新文化告訴「消費者」，食物不過就像燃料，它在你收入的花費占比中應該越低越好。如果有人果真考慮到自然環境，那也只是假定它底子夠壯，可以耐受得住。

彷彿卡森幾乎不曾來人間走一遭似的。雖然她的動員呼籲使全世界的環保事業迅速發展，但自一九六四年她去世後的幾十年裡，農業的集約化和企業化依然無視她的警告。

§

田野上的天色漸漸轉暗。天氣報導預測夜裡會下起傾盆大雨，於是我們將收成的最後幾捆乾草收進穀倉。坡頂上的麻鷯好像正要趕走一隻烏鴉，似乎因此有些騷動。我望著田野，想明白父親和我究竟對它造成什麼傷害，還有其土質現在是否惡化了。

我知道在整個農業地景中，有些鳥類早已杳無蹤跡。二十世紀初農民開始使用機械割草機和曳引機後，長腳秧雞便迅速消失了，但在大家改用上述設備後的幾十年中，麻鷯反而在農地上大量繁衍。這些鳥兒似乎很喜歡我們的耕作方式。牠們在春天時會從過冬的泥灘回到我們田裡，回到其往日的繁殖地點。牠們像逛大型遊樂場似的在我們的農場上四處溜達，同時發出尋覓伴侶的叫聲。有時牠們會走過離我所坐位置不遠處的草叢，這時我就能看見牠們像踩著高蹺的雙腳以及優雅的弧形嘴喙。麻鷸常在耕地和牧場上尋覓蚯蚓，不久之後就會配成一對對，然後開始築巢。隨後幾週，只聽見牠們的叫聲此起彼落。

我和祖父一樣，發現麻鷸的巢會很開心，而且，在收割製作青貯飼料用的青草時，我會設法確定幼鳥已經逃離現場，否則我會暫時留下某塊草地先不收割，等一兩個小時過去後再回來。在我們種植青貯飼料所需原料的田裡，總會住著三、四對麻鷸，而每年夏天，牠們都會養出幾隻雛鳥。大家開始看到一些報導，得知在農田地面築巢的鳥類消失，但這並不符合我家農地的情況（雖說有時我想知道其數量是否比過去要少），只是我們很難說服別人相信。

二十年前，那裡有多少麻鷸？我提出這問題時似乎沒有人答得上來。也沒有人表現出憂心的樣子。我家的田地到處都是麻鷸。但是，每當我去山谷下方朋友的農場（所謂「改良程度較高的」、「更集約化的」耕地）幫忙時，我都能感受到變化。我注意到，每當我們從大型曳引機爬下來用餐時，除了寥寥幾隻烏鴉或者海鷗，天空基本上是空的。

說到農業如何影響自然這個問題，最難突破的盲點是，因果之間通常存在著時間差。突發的災難事件會造成立即性的破壞，這點我們很容易理解，比方油輪漏油會汙染數英哩的海域、任意傾倒化學品會毒死河流中的生物、有人在非洲的紅色土地上獵殺大象取牙、森林響起電鋸聲時會有高大而粗壯的樹木倒下。

只要有一點良心和智慧的人都知道，人類行為所導致的這類驟然破壞是錯誤的。但實際上，世界並不會在一天之內崩解。我們比較難看出與理解在十年、三十年或一百年中慢慢摧毀環境和物種的漸進變化。

§

徹底改變我們農業景觀的工具或是策略，在數十年前即已出現。當初科學界曾經揭示某些物種已陷入滅絕危機，從那時到現在，好長一段時間都過去了。這是因為，農民要花很長時間才會普遍適應新的技術，並將其擴大運用在自己的土地上，直到那時，新技術的全部作用才會顯露出來。任何地方的大自然在被擊垮消失之前，是可以撐個幾年甚至幾十年的。

父親過世前的一兩年裡，我們經常談到農業究竟發生了什麼變化，以及原因為何。有一件事特別令他難過：麻鷸曾經是農田裡最尋常的鳥類，如今卻越來越罕見了。我們父子倆都清楚，造成麻鷸大量減少的原因並不是現代農業本身，甚至不能歸咎於青貯飼料的生產，該怪罪的應該是這些作為的強度。

§

一九九〇年代起，出現了超大型、超快速的割草機，並在田野收割草料進行青貯，且其日期一年要比一年提早。青草能比往年更早收割的原因不外乎：因人工肥料的推波助瀾，管理草場的方式發生了變化；草籽發芽、生長的速度變快了；如今流行收割較嫩的草，在其營養狀況最理想時拿來餵養乳牛。這些因素結合在一起後，令麻鷸的數量發生災難性的減少。牠們無法在每年夏天都要收割三、四次青草（可以早自五月開始、晚至十月結束）的田野間產卵，然後哺育雛鳥。

麻鷸一度繁衍的田地現在淪為雛鳥的殺戮場。負責駕駛新型巨大曳引機的人（常受僱於承包商的年輕人，他們打開收音機，並為保持昂貴機器內部的整潔而緊閉窗戶）根本沒空停下機器，將麻鷸雛鳥從草地上撿起，就算他們明明看到而且認出那是什麼也一樣。在田地管理方式已改變了很久後，麻鷸成鳥仍習慣出沒於自己熟悉的田地上，因為牠們可活到二、三十歲，會忠實依戀往日築巢的老地方，一次又一次地回到那裡下蛋孵蛋、哺育雛鳥。

只有田裡再也看不到麻鷸時，當成鳥全都消失時，農民才會知道其危殆的處境。等到他們看出事態嚴重，已經來不及了。

但是，照顧麻鷸難道是農民的義務嗎？還是應該優先考慮如何製作最優質的青貯飼料，並且以超市要求的價格出售牛奶？麻鷸一斤值多少錢？

問題癥結倒不一定是機械耕作或化學耕作技術本身，而是因為它們被人大規模地頻繁使用，以致造成了野生動物再也無法於其中生存繁衍的環境。強度轉盤撥得有點過頭，而在大多數情況下，農民並不可能知道如何辨別後果。割草機何時開始造成問題？聯合收割機何時變得如此高效，以致田間遺留的穀粒不夠越冬的鳥類啄食？

農民通常沒有足夠的知識有效做出明智的生態決定，此外，如果他們甘願放棄現代化而導致效率不如其他農民，也不知道自己在財務上該如何因應。農民買了機器之後，只注意要將其更新或是升級，購進這些設備時不會考慮野生動植物存續的問題。這些設備在設計、製造或銷售時，沒有人會把野生動植物設想進去。曳引機的設計師、工程師或銷售人員並不知道自己創造的東西可能引起意想不到的後果。要求以機械效率生產食物的超級市場也沒有任何依循的憑藉。整個體系中的每一環節都是如此各自為政與專業化，以至於大多數身在其中的人可能不知道自己的作為會造成無法預知的後果，或者更糟的是，由於某種著魔般的樂觀態度而誤以為大自然能耐受得住。

每一種新技術都有其潛在的影響，然而提出質疑卻也不是哪個人的分內工作。沒有機制可供農民或是生態學家判斷某項技術或是新的農法整體而言是「好」是「壞」，況且當我們從此一無形門檻跨入另一無形門檻時，也真渾然不知。

在長大成人的過程中，我親眼目睹了數以百計的小轉變，而這些小轉變則匯聚成為一個大轉變：大門前的道路拓寬，以便讓更有效率的聯合收割機得以通行；割草機的寬度變大、速度變得更快；體積變得更大而且掘得更深的犁具可以翻出更多的犁溝；為了保護作物，農民噴灑了效力越來越強的農藥，而播下的穀類或者青草種籽也預先以化學或者其他方法處理一遍；無論春季播種或是冬季播種的作物，收割之後一律不在田裡留下殘梗，鳥類於是無法再於其間覓食。糞漿只能被攤鋪在地上，從堆肥中取肥料的舊法不再流行；以富含氮素的人造肥料充作追肥可使青草生長更快，方便農民提早割草。

這些變化都奠基在已經實行數百年且相對無害的類似農技上。在我的生命中，這些農技今昔的差異乃由其規模、時機、整齊一致與速度的逐步變革所形成。

三十多年以來，詩人維吉爾發動「戰爭」所用的農具，已從等同於矛和劍的武器，發展到可以與坦克、噴射戰鬥機以及化學與核子武器系統相互輝映的設備。反過來看，由卡森的覺醒拉開序幕的一場文化大戰，則日益兩極分化且充滿毒性。

另一方面，卡森所促成的覺醒也越來越趨向兩極，甚至變得損多於益：有一群人認為，農業正在推動的改變必不可少，因為一切越變越有效率，而且大家也都理智運用最好的新技術；然而另外一群人卻主張，新式農業正在摧毀地球。前者懷抱一種天真信念，認定農耕即是一個「好」字；後者表現的則是激進主義的憤怒，相信農耕只有「壞」字可以形容。前者的言行彷彿在宣告，唯有生產便宜食物才最重要；而後者似乎根本不在乎食物。

每個人都被迫加入這陣營或是那陣營。此議題吵得越來越兇，論據越來越無溝通可能，這基本上無異於聾子彼此對話，甚至我們的村子也無法倖免。幾年前我首度涉入這場文化論戰，那是我從澳洲回來之後不久的事。

§

父親開始放火。天際線襯托出長長的閃動火舌，燒著沙質堤岸頂部金雀花的灌木叢，而他和我中間則有濃濃煙柱沖向天空。火焰在乾燥的多刺枝椏之間竄動並發出嘶嘶聲。最堅實的枝幹和我的手腕一樣粗，一旦發出火光，便開始劈啪作響。煙霧兩旁的整條堤岸都是一叢叢金絲雀顏色的黃花。爸爸在金雀花的灌木間爬行，同時將其點燃。他手裡拿著一根以樹枝和浸油破布做成的火把。火焰在他周圍轟轟作響。兔子驚慌逃命，棉球似的尾巴不斷擺動。有隻黑鳥從灌木叢下竄出。一小群又一小群的紅雀和岫鴨在田間飛來飛去。

早先，金雀花叢不斷向外緩緩蔓延，長遍了採石場，占據了大約三分之一的田地。祖母曾在那兒養過母雞，後來父親接著養豬，因為此舉有助於提升沙土的品質。如今這裡變成了兔子的天堂，也是我們最不好的一塊土地。幾年之間，每隔一段時日，家人便會提議將它改良，但是提議之後就都不了了之。那天晚上，父親心血來潮，想要有所作為。他拿了盒火柴、一個裝滿麥稈和捆繩的塑膠袋，以及一小桶汽油走出院子。幾分鐘後，母親派我去找父親，看他是不是「縱火自焚」了。

過一會兒，嗶嗶剝剝的大火減弱了，失去它那份狂野的力量。我沿著兩堵彎曲的銀色石灰岩牆間小路走回村莊，途中遇到一位鄰居。她的丈夫是當地一所學校的校長，他們房子的周圍有幾塊田地。她似乎很激動，看上去十分情緒化，神色有點怪異。她質問我究竟怎麼回事。然後，我還來不及回答，她又補稱已經打電話給消防隊了。我告訴她沒有必要。火勢控制得住。點火的人是我父親，但他是在自家的土地上放火。

她似乎很困窘，而且有點怒意，不過因為她也是我家的朋友，所以也有些迷惑。她明顯很喜歡自家房子附近那片山坡地原來的樣子，所以想在父親把它燒成一片灰燼之前設法弄清緣由。

她在此地只住了五年，並不知道這是傳統週期中的一環。她認為那片田野現況如此即表示過去也是如此，還有將來也須始終如此。看得出來，她一方面想抒發自己的感受，一方面想維持對我們的一貫尊重，她努力在找平衡點。她想要我講明白些。

「你父親為什麼要燒那塊地呢？」

「為什麼要破壞鳥類棲地呢？」

「金雀花灌木叢裡的野生動植物該怎麼辦？」

她的語氣彷彿暗示：「看你父親一向守本分，為什麼現在變了個樣？你們這些人怎麼搞的？」

這些問題我並非都答得上來。就算都答得上來，我也不確定她有沒有心情聽進去。我覺得很不好意思。我親眼見識到，看待世界的兩種不同方式在這裡發生衝突了。父親很少用言語解釋自己的作為。在我背後的山坡上，他的表現確實有點荒唐、野蠻。風開始將火苗吹進另一片長滿金雀花的地上，它的吼聲伴隨響亮的劈啪聲沖向天空。

父親說不定真的考慮過鳥兒的窩？我不確定。

我覺得自己好像在宣揚啟示錄（Apocalypse）的精神[15]，也覺得自己應該接受挑戰，忠於父親。我想為他辯護，並解釋為何他會做出讓校長夫人認為離譜的事。因此，我解釋道，我家一直以火焚的方式處理金雀花，這也是一種非常古老、管理金雀花流程中的一環：這種植物蔓延得太廣時便先挫挫其銳氣，然後讓它生養幾年。父親並沒有燒毀所有的金雀花叢。他燒掉幾塊地，留下其他幾塊。鳥兒並沒有被完全逼到走投無路的地步。金雀花會妨礙農事，還會損害綿羊的毛。如果不加以遏止，它將徹底接管田野，從此只有兔子會在其中安居。

記得當下我也說過其他的話，其中有些甚至言之成理，但是另外一些恐怕離謊話也不遠了。我深刻體會到，如下這兩種人之間的鴻溝正不斷擴大加深：一邊認為重新塑造地景天經地義而且有其必要，另一邊卻深受其擾；一邊是耕田種地的，另一邊則不是。

§

父親去世後，我想起那晚燃燒的金雀花，同時體會到，許多關心自然的人做出如下的結論：如今不應該相信所有耕作和土地管理的方法。但是一股腦地加以排拒卻也不對，因為田地畢竟是整個人類文明賴以建立的基礎。我們所依靠的幾片田地最初便是先民用火、斧、犁開闢出來的荒野，或是放牧牲畜一段時間後所取得的土地。這種墾荒的行為可能發生的年代太久遠，以至於大家已忘記了這個生態的真相，幾乎把田地視為大自然的一部分。

但是，田地不是自然現象（儘管有些地非常類似野生動植物的棲地，例如物種豐富的草料草場，或是精心管理的草原與林地牧場），無論是用來種植植物還是飼養牲畜，它都是先犧牲掉一些原始物種才得以開闢出來。許多本來可以生活在那個空間的物種，現在沒辦法生存了，因為牠們被排除在外，不再能享用維持其生活所需的空間和食物。開闢和維護一塊田地，在某些人看來意味生命，而對另一些人而言卻代表死亡。

事情的真相是，我們是生態系統十分殘酷的操縱者，只會將世界改變成可供自己使用的樣貌。我們曾經開墾田地、種植作物，同時不顧一切，重新改造地景以便生產食物來維持自己的生命（在發展中國家，大多數人還是這麼做）。在我成年之際，英國幾

15 此處原文為PR of the Apocalypse，在聖經啟示錄中，預言世間罪惡終將被上帝摧毀（火焚為其方法之一）並以新局面取代之。作者向鄰人解釋父親燒掉妨礙農事的金雀花叢以利土地重新利用的動機，此舉類似宣揚啟示錄除惡布新的精神。這是個幽默的比喻。

乎已沒有人在農地工作（低於人口總數的百分之二），以至於我們開始集體遺忘或者不願正視這些難以接受的事，就像校長妻子的反應那樣。

永恆不變的真理是：無論吃下什麼，所有人都為了獲得食物而共謀殺戮（直接或是間接），今天這樣，將來亦復如此。在維吉爾尚未點明之前，那場戰鬥便已存在很久。農民必須奮起抵抗，以消滅無數破壞農作物或危害牲口的敵方。他們始終都是殺手，無論種植植物還是飼養動物，對於這一現實並無多大影響。就像父親那天晚上放火的事，農民雖然摧毀野生動植物的棲地，闢出農田，但也為其他物種創造出新的棲地和新的生態系統。如果你想測試這點，那麼不妨到荒野中生活一段時間，看看能否找到避免殺生的辦法（不要忘了把小生物也算進去，否則就是作弊）。

§

邏輯推理十分簡單：我們必須務農才有飯吃，為了務農必須殺生（或是驅走某些生物，這是同一回事）。生而為人其實是一件苦差事。一切的農事都要求我們拿出堅韌，但這與我一生中見到的工業針對自然所發動的「全面戰爭」相當不同。

儘管原始農業社會不可避免地仍存在殘酷無情的事，不過這種社會常具有禁止過度開發土地的道德倫理準則，並強調須以自然為導師。《舊約．利未記》十九章九節中提到：「在你們的地收割莊稼，不可割盡田角，也不可拾取所遺落的……要留給窮人和寄居的……」上帝頒予摩西的諸多誡命眾所周知，也是猶太人應恪守的信條，其中多數還成為我們自己法律的根據。然而，世人長期以來都遺忘或忽視了上述章節中的指示。

§

父親不是一個愛上教堂的人，不過他相信類似的事。他認為事情應該有約束和分寸，也相信節制和均衡。一直到臨死前，他還是那麼討厭農界發生的改變。那方面的東西他看太多了，知道自己所愛的、所關心的一切都已變質走樣。在他生命最後的十年中，他沒來得及摸透其中的邏輯。那些改變對家庭、農村社區、動物以及自然所造成的衝擊令他難過。他沒興趣跟大型農場的主人互別苗頭，沒興趣在自家的土地上落實改革。他的反應就好像面對一場自己無意參與的愚蠢遊戲。因此，他親身照顧自家的土地，並且從不懈怠。

他從未見識過地球彼端新農業的發展，不過就算給他機會，他也不會感謝你的。

父親去世後幾個月，我和妻子海倫首次去美國中西部旅行。二十年前，我曾經看過澳大利亞方興未艾的新農業，而那些經驗已足夠讓我預知未來將發生的事，如今我明白了，美國中西部即是所有發生之事最終合乎邏輯的結果，是追求效率的最終解答。因為見識到了未來最純粹的模式，我在農業上的見習生涯跟著告終。

§

我們駛下高速公路，經過油漆剝落、木材腐朽的破舊農舍，經過被陽光直射入內之搖搖欲墜的菸倉。我們也看到廢棄的汽車和生鏽的農機，以及站在農舍旁牧場上的黑牛。我們經過似乎已呈半遺棄狀態的城鎮，那裡路旁建有木造的商店和房舍，窗戶上常懸掛聯邦的旗幟，前草坪上則有「投給川普」的廣告。屋子的百葉窗關閉，落葉聚積在門廊上。教堂前插著標語牌，保證吸毒者亦能獲救贖。雪花飄落，但地上還不見積雪。

我們來到美國農業地帶的核心區域，住在肯塔基州一位老朋友的家裡。那時正逢冬天，感覺那個冬天好像沒完沒了。他們在釘上白色護牆板的農舍中迎接我們，只見屋內藏書極為豐富。我們享用簡單的美食，也聊起各自的家庭和農場。然而，儘管我們努力保持開朗的樣子，但感覺上已窺得別人心底的哀愁。他們對即將揭曉的選舉結果充滿逆來順受的宿命感。這裡曾是中小型農場欣欣向榮的區域，如今那番景象讓人覺得魅影幢幢、遺物散落。

朋友開著白色的客貨兩用車載我們在縣裡兜風，他的牧羊犬坐在後面，紅色的工具箱和扳手則放在駕駛座的擱腳處。他向我們談起當地的人，過去的和現在的都有，並介紹我們認識堅守家業的農民。那些人都告訴我們同樣的事：美國選擇企業化的農業，放棄小型的家庭農場，其結果是，景觀和社區走上崩解的路。他們指著一片長滿雜草的油菜田，地上雜草現在已對過度使用的農藥產生抵抗力。

他們談到，有人為了開採礦物將山炸開，還有河川受到汙染，迫使居民離家謀生或是在貧困中默默度日。而且，情況越是糟糕，似乎就越有更多人上一些騙子的當，相信他們的諾言，並將所有的怒火集中發洩在現成的代罪羔羊上。我覺得自己到訪了一個前景黯淡的地方，而與我碰面的人也都感受到我的不安。他們告訴我：「你還沒看到真的好戲呢。」

§

愛荷華州廣闊的黑土地帶連綿不斷。肥沃而深厚的土壤上布滿玉米稈子。這裡的植物暴露在風雨中的時間長達半年，但另外半年則拚命生長。有位年輕女士告訴我，她喜歡這片風景，到了夏天，你甚至可以「聽到玉米生長的聲音」。不過在我這雙舊世界的眼睛裡，這片冷冰冰的荒漠幾乎沒有一點浪漫情調或者歷史縱深。

那裡的天空很開闊，然而下方卻是陰暗、平坦又荒涼的景象。大地除了實用之外幾乎沒有別的特色。農場看起來像格蘭特・伍德（Grant Wood）畫作《美國哥德風》（*American Gothic*）中的風景。典型宅第的主人與他的妻子必定是到城裡去了，或是留在家裡看電視，因為這片風景中人蹤罕見。所有的老東西都在朽爛。穀倉歪歪斜斜，屋頂被風掀毀一半。玉米乾燥塔和穀物升降機打斷了平坦的黑色地平線，並在陽光下反射耀眼的銀白。犁過的田緊貼著搖搖欲墜的農莊柵欄，從地平線的這一端延伸到地平線的那一端。廣袤無垠的土地不是種植玉米、大豆就是設置養豬場。這是厄爾・巴茨要的農業景觀。

與我同行的是一位農學家，她熱衷研究的領域包括土壤以及如何改變農技以保護土壤的方法。這片地景令她難過，因為這是她的老家，而這裡的農民都是她的同鄉。如果這些農民不是你的家人，而且在家庭聚會時你也看不到他們的黑眼圈和壓在肩膀上的重擔，那麼你大可用嚴厲的態度批評這些地方。

她告訴我，這種地景是美國的超級市場所造就的，應該歸因於廉價的食品。店家似乎並不了解或關心食品生產的永續性。美國人的食物支出在收入上的平均占比從一九五〇年的百分之二十二左右下降到今天的百分之六．四左右。然而更糟糕的是，農民在每一美元食品中的獲益占比已大幅降至一角五分美元左右，並且繼續下跌。大家以為自己花在食品上的錢大部分落進農場主的手中，殊不知那些錢幾乎悉數被食品加工業者以及批發商和零售商賺走。獲益最大的是少數幾家規模龐大的公司，他們拿得出各政黨的政客和立法者名單。

這位農學家朋友告訴我，愛荷華州快被風捲走了。在一年中長達六個月的時間裡，橫掃耕地的風慢慢竊走表土，一次只帶走一點點，將其吹到他處。每次吹走的似乎都不多，但風從不鬆懈，在過去的一世紀裡，已經消失的表土有幾英尺厚。原本餵養美國人的土壤無休止且不可逆地耗損下去，骯髒的棕褐色積雪即反映出現實。天寒地凍時節，土地被盜走沃壤的證據才會浮現出來。如果這叫未來，那未免太悽慘、太醜陋了。

這地方對居住於此的人而言似乎不很理想。農場當中（即使是看起來很富裕的）有許多人都負債累累。那裡的土地真是一場生態浩劫，說它有多貧瘠就多貧瘠，甚至在墨西哥灣裡造成一個死區，因為被侵蝕的土壤和田間殘留的化學藥品一旦沖進密西西比河，最終就會全部流入海灣。許多農事都由墨西哥移工完成，他們受美國公司的欺凌，從本國自家的農場中轉往美國做工。廉價移工所無法完成的工作就由機器取代，而且機器如今可以自我導航，並能在人造衛星的指引下完成田間的任務。農場主可以對自己的土地為所欲為，這是前所未見的事，而且越來越多「農民」甚至不需要下田就可以做好一切工作。

我們停在一個陰森森的農莊前，它和一旁的大型養豬場以及銀白色的儲糧筒倉比較起來相形見絀。突然，從我們左邊的樹叢間，一個巨大、壯實的黑影從我們左邊的樹叢間拍著翅膀飛竄出來，那是象徵美國的一隻白頭海鵰。牠從我頭頂上掠過，我的心撲通跳著。農學家告訴我，近年這種鳥回來了。我說：「哦，那很好。牠們吃什麼？」一片刻尷尬的沉默後，朋友回答：「也許吃養豬場外的死豬。」

白頭海鵰振翅飛過田野，我們兩個人不發一語。

§

這裡沒有贏家。支配這片田野的農業企業規模如此大，以至於必須完全依賴一兩個壟斷性的買主，他們鎖死價格，並且可隨意令賣家破產。錢從土地流向為債務籌集資金的銀行，流到出售曳引機和器械的工程公司、化肥和農藥公司、種子公司以及保險公司。然而，單就效率和產量而言（先不考慮化石燃料的消耗與生態的惡化），這些新一代農民是史上最優秀的，且其表現令人讚嘆。

二〇〇〇年，美國農民每小時平均的生產率是一九五〇年其祖父輩的十二倍。這種驚人的效率意味著大多數農民無法生存下去。英國酪農的人數已從一九九五年的三萬多減少到如今的一萬兩千，減少了一半以上。反過來看，英國乳牛的數量在過去二十年雖也減少了一半，但牛奶的產量多少仍維持穩定的狀態，這一簡單的事實證明，今天的酪農和超級母牛具有了不起的生產力。

諸如此類的統計數據表明，世人的生活改變了，飲食習慣和家庭預算的分配也不一樣了，世界各地的生活方式與從前徹底不同。英國家庭在食品和飲料上的平均支出占比從一九五〇年代預算的百分之三十五左右下降到今天的百分之十左右（收入較少的家庭在飲食的支出會有較高的占比，比方百分之十五）。我們花在食物上的錢如今被省下來了，轉而用於購屋、休閒以及汽車、行動電話、衣服、書籍、電腦等消費品，或者花在分期付款、租金之類的支出，還有像赴國外度假這種前一兩代人消費不起的享受。

現代世界就是因這些餘錢才得以進步的。但是，世人生活和購物的方式卻也同時造成巨大的壓力，這種壓力導致農民不得不尋找一切可能提高土地生產力的計策。比如要供應廉價食品，農民必須採用工業技術耕種土地，兩者之間存在直接關聯。而且，土地的工業化程度越高，我們大多數人參與其中的機會就越少。

以前，你祖母都從當地市場的肉販或農民那裡購買全雞，並可以要求對方擔保其飼養方式，但是現在我們購買的是已經去骨、剁好、用塑膠膜包裝妥當且不知飼主是誰的肉。雞隻生死的實情並不透露給顧客知道，彷彿我們還是小孩，不宜知道相關種種。我們大多數都不會想到屠體，也不會想用全雞的各部位入菜。我們不會用雞骨頭熬湯，也不懂得如何將雞隻從活體變成菜餚的基本功夫，比方宰殺、拔毛和剁塊的流程。我們也無法影響雞隻的飼育方式。食品公司如此龐大，以至於業者不太可能注意到，當顧客站在超市貨架前時，他們在意的是什麼。

在地的食品生產曾使世人具備更大之觀察和判斷農業以及影響農業的能力。我們祖母在面對面與農民或肉販交易時，可以直接告訴賣家，自己喜歡什麼或是不喜歡什麼。在地的食品市場不僅具有金融或商品交易的功能，它還是知識和價值觀交流的場所。它將人們連結起來，使其形成共同的道德觀。超市食品體系告訴大家，不需再擔心這類事。我們都被灌輸要保持事不關己的淡漠態度。

幾乎所有減損我們對農業信任的食安醜聞和農務危機，都是由降低成本的驅動力所造成的。農民和食物生產鏈中的其他人為了讓食物變得比應有的售價更便宜，因此想方設法在暗地裡偷工減料，幹出他們父祖輩連做夢都想不到的不清白花招。

這樣的行為是將商學院的思維應用到這片土地，而道德和自然等議題則被擠到良知的邊緣。在那其中，情感、文化或傳統全然沒有立足的空間，也不求理解自然的限制或是違反這些限制所應付出的代價。現代農業的思考方式不曾意識到，這些外部的因素其實和農業息息相關。農耕自此被簡化為財務和工程的挑戰，而不當作生物學性質的活動被人看待。這是令超市稱心如意的結果，因為那樣可以保證全年不間斷地供應食品，保證產品高度的一致性。我們說服自己，農耕不過是另一種商業行為，必須遵守與其他行業相同的規則，然而有史以來，這似乎是最愚不可及的想法。

我們創建了一個癡迷於食物多樣性以及道德規範的社會，卻使大多數人在做選擇時脫離了務實的農業和生態知識。現在，大家煩惱應該吃些什麼，不明白應該如何耕作當地農田或如何以永續性的方法生產哪種食物。如今，大多數人對農業和生態方面的問題都渾然不知。

這是一場文化災難，因為人類如何在地球上永續生活已成為在地的挑戰。我們該如何耕作才能對環境危害最小並且確保永續？在地農業生產給我們吃的東西是什麼？這並不是強調完全取材當地的食物（我和大家一樣喜歡香蕉的好滋味），不過仍要提醒世人，大部分的食物應該在我們監督下、在我們附近生產出來。

§

經濟學家錯了。農業與其他任何行業都不一樣，因為最關鍵的一點是：農業在自然環境中發生，會直接而深刻地影響自然。隨著農民集體使土地變得效率高但貧乏，許多鳥類、昆蟲以及哺乳動物都消失了，生態系統也崩潰了。這幾年來，英國對野生動植物的每次重大調查都揭示同一件事：農地中野生動植物的數量以快到令人吃驚的速度消失了。某項涵蓋面甚廣的調查表明，英國是「地球上數一數二自然資源最匱乏的國家」。

從生態學的角度來看，農業變化的影響是非黑即白的，也就是說，我們只依照結果下論斷，而不深究原因以及過程。正如我家人所經歷的那樣，人為因素是複雜而令人困惑的，同時難以駕馭。如果我能挑出好人、壞人，然後據此講個道德故事，那事情就簡單多了。但是實際情況比這混亂，而且需要抽絲剝繭加以釐清。

就倫理面而言，這情況的確很複雜。壓在我家人和朋友肩上的財務擔子無論過去或現在都很沉重。壓力和工作量如此大，以至於他們無法評估自然或以開明思維加以珍視。有些人批評的對象是舊式農民（他們當中的大多數人都掙扎著保有自己的土地和生活方式），而不是大企業和政治勢力。此類農民被看成朝錯誤方向發展農業的人。此舉類似將過錯推給超市中收入微薄的收銀員，而非歸咎於僱用他們的那些資本額數十億美元的企業。

倒不是說舊的方法完美，舊的方法並不完美。其中有些改變非但有益，而且必要，甚至不可避免。這也不是全面從完美的田園式轉變為荒誕的企業化。有些農民依然本著傳統精神，努力表現對土地的尊重以及對家庭的熱愛。一些新式農場改善了動物的健康情況，降低了牠們的發病率；舊式農場裡不見得所有動物都能受人善待，新式農場中也不見得所有動物都不能受人善待。新式農場中的許多變化實際上是昔日做法的演變，選擇性的育種即為一例。

§

實際上，英國和其他地方的農場（包括我家的在內）如今都處在最集約的企業農場與傳統農業之間的某種狀態。幾乎所有人都已現代化，只是現代化程度的深淺而已。如今，「農業」一詞試著將各種紛雜的活動都包括進來。

因此，當前在努力尋找解決問題的主意時，我們應該避免過於簡單的方案。歷史為我們提供了許多將化約論者（reductionist）[16]思維應用於農業的例子，結果情況變得越

16 即指持化約主義（reductionism）立場者，化約主義認為所有複雜的系統及現象，都可以透過將其拆解的方法來理解和描述。

來越糟。所謂的奇蹟常會造成無法預料的後果。

§

由於同盟國在一九一五年的大戰期間實施封鎖政策，德國政府官員擔心本國人民將沒糧食可吃。他們認為殺掉德國的五百萬頭豬是個妙計，因為那些豬隻消耗過多原本可供人類攝取的植物性熱量。

這場在德文中被稱為「Schweinmord」（豬的撲殺）的屠滅行動乍聽之下似乎十分合理，但是官員並不了解，豬糞可以充當肥料來為農場土地施肥，而且豬只食用其他農作以及家庭殘餚，因此能為人類將不可食用或被丟棄的有機物轉化為高營養價值的食品。這場撲殺實際上是慘劇一場。隔年，農作物的產量果然下降，糧食比以前更稀缺了。

§

很多人都上了超級企業化農業之宣傳伎倆的當，尤其相信所謂「可解決一切問題的策略」（方法是掃除效率低下的舊式農業、提高大多數企業農場的強度，並且設法利用保留的荒野地）。這類計畫問題不小。

超級企業化的新型農業並非永續性的，因為無論從氣候還是生態的角度檢視，它都是世界上破壞力最大的農業。看起來這種農業似乎不可能長久，原因十分簡單：它浪費自然資源，並使土壤越來越貧瘠。

§

根據聯合國的統計，地球上仍有二十億人務農，但絕大多數是不採用高科技方法的小型農戶，對機械的仰賴甚少。這些小農仍為地球上百分之八十左右的人提供食物，他們的作物和牲口對於維繫未來農業（無論是超級企業化的還是其他性質的）之永續經營至關重要。

感謝像是珍．雅各（Jane Jacobs）這類作家的努力，世人早已認識到，過於專業化的城市（文化過於單一、現代化的程度過深，或者太過依賴化石燃料）實際上不如新舊混合的地方發展得好。文化與思想相互得益的交流以各種意想不到的方式進行。農業亦復如此。最集約化的農業並不會導致傳統的農技、作物種類和各種牲口過時，反而需要它們方能存續。世界上最集約的農業高度依賴舊式農業體系之動植物品種所提供的基因多樣性。世界上最「落後」的農民絕非落伍，他們是未來關鍵農業資源的寶庫。

今天許多遺存的多樣化農業只能在邊陲地區找到，例如山區、偏遠地帶、沙漠或是森林。那些地方由於孤立、貧窮、缺乏發展以及氣候類型、海拔、緯度、土壤類型、致病風險或是生長季節等等因素，集約化的農業無法占到主導地位，也沒能取代傳統的農業技術。這些環境中到處都是經過培育植物的特別品種或是家禽畜的傳統品種。這是因為一萬多年以來，人類透過反覆試驗、嘗試錯誤的方式，在各種環境條件中嘗試不同的方法。在全球農業的「圖書館」中，我們可以找到針對數百萬種不同在地需求和問題的整套解決方案。

大型農業企業公司正在這些歷史悠久的農地上開疆拓土，設法識別、占有其中的資源並據此取得專利。當穀物或是玉米的高產品種無法抵抗新疾病或是氣候變化時，農學家會從少數倖存之歷史悠久的傳統農業體系中尋找多樣化品種以求解決問題。每當集約化飼養體系中生長最快的豬隻無法抵抗疾病或是壓力時，農學家也會從野外或是傳統養殖體系中尋找強壯的、具活力和抗病性的豬種。

我們幾個世紀後的子孫是不是有能力餵飽自己，很可能取決於今天一些沒沒無聞的穀物或是豌豆品種能否存續，或是取決於某個「落後」地區山坡上泥濘的農家院子

（你我這輩子都不會去的地方）中一些小型母牛、多毛的耐寒豬，或是耐熱的雞是否能夠繁衍下去。如果哪一隻骯髒的雞或豬帶有特殊的基因，其重要性不可小覷。

無論從經濟學、氣候學還是生物學的角度來看，我們對未來唯一能確定的是：一切不可預測。因此，我們需要維護農業多樣性的「圖書館」，裡面不僅收藏我們現在知道自己所需要的，同時也該收藏許多我們還不知道未來可能會需要的東西。多樣性的優勢在於，它為我們確保一個強韌和健全的未來。它提供世人選擇的機會。它分散我們的風險。

至關重要的是，農業的多樣性實際上無法存在於實驗室或是試管中。對於我們未來也許不可或缺的許多ＤＮＡ的知識都是以系統為基礎的，只在被人使用的情況下才得以存續。農場牲畜的品種需要足夠多的數量，需要許多不同的牛群和羊群，以及可靠的地方經濟，如此才能維持其基因的多樣性並確保其健康與活力。我們必須培育並種植傳統作物的所有品種，一來不讓舊的品種滅絕，二來則是為了開發新的品種。這就意味，飼養、栽種這些動植物的農場以及耕作系統必須以某種方式生存並且順利發展，還必須進行買賣並在經濟面上支撐下去。一般人還不理解，最集約化的農業系統通常使用較舊的系統來生產其原料或繁殖牲口。歐洲低地飼養的綿羊養殖戶在進行種畜繁殖時，經常購買山地綿羊群的雜交後代，而不會浪費自家最有生產力的土地來完成這項工作。

我們不能只看重最集約的農作，而棄其他一切於不顧。這些集約化耕種體系的生產力太過醒目，以致讓人看不見它對於較古老、較傳統之農法的依賴。新式農業需要以舊式農業為基底，才可以實現長期的可持續性，而這只能透過保護舊的體系方能奏效。

英國至今仍然是地球上數一數二農業最富多樣性的地區，這是因為它的農耕歷史十分獨特，也因為它是世界上數一數二最適合種植牲畜草料的地區。我們這島國是成百上千種牛、豬、馬、綿羊和山羊的原產地，其中大多數都飼養在新式農業邊緣地帶之偏遠的小型農場和老式農場裡。這是牠們在農業社區中拒不退讓、保持領先地位的結果。在過去兩、三個世紀中，由於世界大部分地區已過渡到現代的農牧業，飼養在那裡的許多動物要麼是英國的純種，要麼是牠們的雜交品種。飼養赫瑞福和亞伯丁的安格斯牛、薩福克和萊斯特羊以及約克夏豬的地區可以遠至德克薩斯州、西澳大利亞、南非和烏克蘭等地。英國農民的日常生活一般仍在包含這些不同品種的歷史體系中運作。飼育這些品種的知識與技巧是極其重要的。

過去幾世紀中，世界已經充分利用我們農業多樣性的寶庫來養活億萬人民。現在不是摒棄動植物舊品種的時候。既然我們需要以永續的方式生產大量高品質的食物，就應該從整體上進行考量。我們需要農業多樣性，需要大量自然的東西。

因為世界上人口太多，我們不能全然放棄效率或是技術變革，否則就太愚蠢了。到二一〇〇年，世界人口估計將高達一百億，要是每座農場都不講求效率，那麼人類將不得不利用更多地球的資源來養活自己，如此一來，荒野將會消失或面積大幅縮減，再無空間可供大自然發展了。

許多生態學家被農業效率提升所吸引，因為這是我們從較小面積的土地上獲得所需資源的一種方式。我們確實需要提高效率，而且不能完全活在過去，這事實很複雜。我們必須找出一個平衡點並認清「其他環節和效率同等重要」的道理。我們必須明白，應該全面考慮這一問題，而非像時下一般，老是一頭熱地炒作某個議題。時間所剩無幾，我們必須立即採取行動。

§

我們從美國中西部回到英國，正好碰上我所知道最難捱的冬天。惡劣的天氣看不到盡頭，強風及暴風雨不斷來襲，樹木因風、雨、雪的肆虐而倒下。土地一連濕透幾個禮拜，到處是泥濘和水窪。最後刮起了一場最猛烈的暴風雨：短短一天，在已經濕透的地面上又降下十四英寸的雨。湖泊蓄水已滿，地面像海棉那樣浸透了，我們山谷經歷了自有紀錄以來最強的降雨。一波波猛爆、強勁的風雨撼動房舍，我們覺得自己就像躲在貝殼中的螃蟹，在海底不停被翻攪。隔天早晨，山坡上出現以前從未見過的溪流。

荒丘高地上，赫爾維林峰（Helvellyn）下面的岩石盆地變成一個巨大的承水碗，並將水導向村莊。積水蘊藏力量，壯觀泥流在岩石上翻滾。水流加快速度之後變得更加猛烈，帶走大小石塊，轟隆轟隆地順著荒丘側坡而下，沖刷河岸。村莊的河道裡充滿礫石，急流找不到宣洩的空間，於是沖毀平常防止河水氾濫的牆，溢出了河岸。它在道路上闢開新的路徑，掀毀柏油路面，將其沖到街上。它從家戶前門流過，闖進商店、旅館以及廚房。村民撤到樓上，看著這股洪流咆哮著穿過村莊，向下流進湖裡。每一小時它都能運送數千噸的礫石和巨岩，並將其堆放在湖邊的田地上與村莊裡。

這股洪流和其他數十股洪流從山坡沖下來，流進阿爾斯沃特湖（Ullswater lake）這鍋泛起泡沫的土棕色湯汁。湖水暴漲，淹沒道路、農舍廚房、田地以及柵欄，並將樹木拔起沖走。該湖位於荒丘，它的水位越升越高，最後湖水溢成河流，流速越來越迅猛。下游響起洪水警報，英格蘭北部一半地區的電腦螢幕上閃爍著緊急通知。大雨繼續傾盆而下。

大家開始擔心古老的普利橋（Pooley Bridge）及其橋拱是否支撐得住，於是禁止汽車通行。土棕色的湍流逐漸形成壓力，最後舊橋坍塌並被河水捲走，彷彿它是餅乾搭起來的那樣脆弱不堪。下游的水開始漫進向來安全無虞的田地裡，將牛和羊包圍起來。農民設法帶領牲口走出危險地方。我們有幾個朋友帶著牧羊犬一起過去，設法要讓自家的羊群遠離泥水山洪。羊兒站在比周圍的水面略高一些的細小條狀土地上。牧羊人很清楚結局會是怎樣：五成的情況是，羊兒保持冷靜，讓人幫助自己脫離險境，但另外五成的情況卻是，牠們受到驚嚇，然後潛入水中滅頂。生死淪為一場極危險的單純賭局。牧羊犬和主人也很容易淹死。有一些牧羊人乾脆讓綿羊憑感覺行事，希望牠們能在較高的地面上倖存下來。另一些牧羊人則忍不住出手干預。

我們的朋友將最有經驗的狗送進羊群，由牠將羊趕向柵欄旁邊，以便主人可以在那裡抓住牠們。羊兒及時從水邊移往由柵欄圍起來的臨時羊圈，然而這時，水面已經漫過牠們前一刻站立的草地。在這緊要關頭，有隻莽撞的羊從圍欄裡衝出來並跳入深水，在農夫來得及阻止之前，其他的羊都已尾隨而去，只見牠們在水中載沉載浮被沖向下游。過了幾天，洪水退去，下游幾英里處有人發現其中一些羊，肚子全都腫脹起來，有一些在洪水退去後被人發現高掛在樹枝上，另一些則被土石流碾碎或是淹死，其餘的（占大部分）則不知所終。

高爾夫球場的管理員發現有頭母牛在球道上徘徊，那黑白相間的毛色出奇乾淨，原來前一天夜裡牠被洶洶河水沖到下游，然後像約拿一樣被吐在高爾夫球場，就像我小時候讀到的那一則附插圖的聖經故事。牛主人接到高爾夫俱樂部打來的電話時根本不敢置信，因為牛竟被洪流沖了十五英里遠。

眼前的地景殘破不堪：田野到處是堆積的垃圾，那是洪峰留下來的痕跡，隨處可見被沖上岸的廢棄物。雖然這樣，某甲的損失卻也可能讓某乙得著好處。我們認識的一位農民便從前一個月的一場小洪水中受益，當時有數百噸優質的柴薪被沖到他的田地。他向朋友誇耀「東西誰撿到就歸誰」。但誰能料到，後來的這波洪水又在夜裡將其悉數席捲而去，最後連一塊木頭也不剩。他的朋友笑著對他說：「橫財來得快去得也快。」

水退去後，大家對所發生的事既困惑又震驚。卡萊爾（Carlisle）的伊甸河（River Eden）上有一座橋，上面刻著一個半世紀以來最高水位的標記。多年來，河的水位沒有再上升到這種高度，但過去短短五年中，這項紀錄卻被打破過兩次：第一次超過半公尺，第二次達到一公尺。當地居民從沒見識過這種規模的雨。它造成了數億英鎊的損失，並毀壞了洪氾區上數千棟的房屋。在市鎮中，數百棟房屋淹水。大水退去之後，居民把房子裡面全掏空，家具和其他物品都被扔到街上疊成一堆堆，然後當作廢棄物丟進垃圾車裡，那光景真教人悲傷。牆壁都被汙垢弄髒了。

洪水過後那幾個月，民眾再度開始關注如何管理卡萊爾上游土地的議題，甚至談到我們山谷上游幾英里的區段。我認識的農民似乎不解豪雨現象。看起來健康的河川系統如今顯得脆弱，而且不足以應付人類扔進去的東西。他們說，情況還會變得更糟，糟到你不敢想像。

§

農民過去始終認為，大自然的適應力很強，可以應付我們對這片土地的所作所為，但現在沒有人再相信這種事。我這輩子親眼看到，人類藉進步之名打擊自然之母的力道正呈倍數增長。因為這樣，我們破壞的力度是祖先想像不到的。以前世人那種「大地藏無盡」的舊觀念遭受考驗，目前已知道那是錯的。在我祖父甚至在我父親那兩代農民的眼裡，大自然易受傷害的想法似乎是嬉皮或共產主義搞的宣傳。現在事實證明，這種看法正確無誤：自然並非取之不竭，而且它還容易崩壞。

我們社會關心農業是正確的。想想目前發生的事實在令人不寒而慄，而自然惡化的現象仍在加劇，這一事實更是教人驚沮。我們正在燒毀森林、向大氣排放溫室氣體、用塑膠汙染海洋，並以可怖的摧殘速度滅絕物種。祖父務農的年代與我務農的年代之間有一點很不同：我們這一代已意識到這些可悲的事實。

身為農民，我們現在必須兼顧如下的兩件事：一方面必須比歷史上任何一代人生產更多的糧食，另一方面必須以永續性的方式達成這個目標，並讓自然能與我們一起存續下去。我們必須調和兩種相互衝突的農業意識形態，以使農業盡可能維持永續與生物的多樣化。

§

我們自以為已經拋開例如清理動物糞便、種植糧作、餵牛和曬乾草等低下的事，而且因為不看重這些事物與昔日方法，所以放棄了那些有用的事物，忘記自己一度擁有的重要知識與技能。

我們不在乎家戶農場錯落有致的景觀，不在乎混雜的動物棲息地與作物和牲畜輪作的農法，以致鄉村變得「高效率」、「單一耕作」和「單調乏味」。供人割製乾草用的草地會長滿野花又住滿昆蟲和鳥類，然而我們不再珍視，放任這種草地漸漸消失。我們不看重腳下的活土，也不管它變得致密堅硬、遭受侵蝕。我們不再關心樹籬和灌木林，因此人家把樹籬剷掉時，我們置身事外。我們輕忽簡單的事物，例如在田野上吃草的牛、在泥水中打滾的豬、從農舍院子的塵土啄食的雞，因此牠們最終被關進龐大的工業廠區。我們不相信從牛屁股滾下來的糞便對於土地甚為有利，因此，當牛改吃青貯飼料、排出危害土壤的酸性糞漿時，我們竟然無動於衷。

世人崇拜機器，所以認為機器發展是件好事，可以重整田野，幾乎不讓殘梗留下麥粒。只要麵包賣得夠便宜，我們就很少關心栽培農作的方式，以至於我們對這些植物已被毒藥淹沒的事實一無所知。播種季節已從春天移到秋天，造就出鳥類冬天再也無法來此覓食的貧乏綠色田地，我們甚至沒注意到，或是雖注意到，但也不是非常在意。我們認為，了解或是關切這些並非自己分內的事。我們忙其他的事都來不及了。如果是大企業能夠供應我們想要的東西，同時撒點動聽小謊，告訴消費大眾是如何辦到的，大家就由他們去了。

然而，這是假象，是企業的一種狂妄，是行不通的未來，是反烏托邦。直到現在，世人才慢慢從這種舒適的渾沌狀態中醒轉過來，意識到距離養活自己的田地多麼遙遠，同時明白自己所知有限，不足以做出理想的選擇。我們心知肚明（就算最樂觀的人也是），走回舊路需要時間、信心，還會令我們與糧食和農業的關係發生根本性的結構變化。

§

我承繼一套古老的傳統，也有幸在一片自己深愛的土地上生活、工作。自從在律師辦公室看到陳舊的產權契據畫出的熟悉田地，我就知道這既是福氣和特權，同時也是嚴苛的財務和工作挑戰。我知道自己生活在一處被自然和美景包圍的奇妙地方，但我也感受到深重的家庭義務（我不能賣土地，也不能辜負父親對我的信心）。

我知道如今已和這片土地緊密結合在一起，是好是壞都要概括承受。於是我開始思考改造土地的方法，以想像得到的最實際又最可行的方式加以評估。我必須弄清如何創立一個能夠養家的農場，並盡自己所能使土地及其生態系統再生。我明白我們需要誠實對待過去和現在，並拿出一點想像力和勇氣來思考未來。我還知道，除了尊重父親的工作和知識，如果還能找到新的辦法，我會放手遂行改變。

但該採取什麼策略？我們可為孩子塑造什麼樣的未來？我已下定決心不走集約路線，也不擴張規模或在自家的土地上興建工廠、承擔巨大的財務風險。不過我也想不出來，如何在實踐完全尊重自然、減少產量的同時，最終還不至於破產的妙方。

我很清楚，如果堅持以比較永續的辦法進行耕作，而且又沒有人願意出資補助，我勢必以破產收場。銀行經理已經說「不」，中產階級「關心環境」的掌聲也不能拿來換錢。我知道自己必須擬定一個困難的折衷方案：既要做個有能力支付各種帳單的成功農民，還要繼續關照自家土地上的野生動植物。如此一來，我們便可驕傲地抬起頭，大大方方直視孩子的臉，也許有朝一日，還能大大方方直視孫子的臉。

輯三

烏托邦

經過三十多年，我終於能坦率面對，這是我站在這片充滿自家歷史、曾遭受重大破壞之土地時的必要態度。我問自己：「這是什麼樣的地方？裡面有些什麼？它的性質為何？我們應該如何賴以維生？我該做些什麼？」我找不到答案，但我認為，答案已開始以局部的、零散的方式向我透露。

——溫德爾．貝瑞，《故鄉山丘》（*A Native Hill*，暫譯）（一九六八～一九六九年）

我認為專注單一是危險的。種種情況都向我們表明，我們所作所為能越多樣化就越好。

——珍．雅各與詹姆斯．霍華德．昆斯特勒（James Howard Kunstler）的訪談（二〇〇一年三月），

引自《珍．雅各：最後訪談與其他對話》

（*Jane Jacobs: The Last Interview and Other Conversations*，暫譯）（二〇〇一年）

老人們有些散坐在雅緻的座位，有些坐在別人臨時從戶外搬進來的椅子上。他們一手拿著啤酒罐，另一手拿著斟了半滿的杯子。這類古老農舍中的餐室仍經常被充當葬禮、洗禮和聚會的場所。棲在壁爐架上的一隻瓷質小翠鳥彷彿已準備好要俯衝而下，以便叼起在地毯渦漩圖案中的魚兒。雨水拍打在灰濛的窗玻璃上。

農舍乾淨整齊，主人無疑已經忙碌了好幾個禮拜，桌上的美食佳餚足夠讓每位賓客吃上兩頓。講究居家生活品質的婦女在桌上擺滿自製麵包、香腸捲、三明治、酸辣醬和沙拉，還有自家烹調的肉片和布丁。她們像母雞一樣在我們身邊不停東轉西轉，關切大家是否吃得夠飽或者喝過茶了。這戶人家的小女兒（幾年前曾離家到現代世界裡見識）看著我的眼神，彷彿在忍耐著這回到一九七〇年代似的一日遊。她好像出於對父母的尊重和摯愛而堅忍一切舊式的家庭活動。我引起她的注意，她緊張地微笑著，好像在說：「哎喲，我心裡在想什麼明顯看得出來是吧？」我報以微笑，意思是「沒關係呀」。

我們正在參加父親一位好朋友大衛七十歲的生日聚會。大衛是個有著O型腿與寬厚胸膛的矮小男子，看起來好像身軀容不下內在精力，隨時可能爆發出來似的。他是一個精力充沛、勤奮肯幹的人，總是在為新想法和新計畫奔忙。

那是一場十足坎布里亞調調（Cumbrian）[17]的聚會。我身邊都是父母的朋友，因此多少感覺到自己還沒完全長大。這些人無論好壞都是我的鄉親。大家輪流和我交談，一方面想知道我的近況，另一方面也想將他們的近況告訴我。其他人則從廳間的另一頭報我一個燦爛的笑容。我年輕時曾以為自己會在這類交際場合中受人論斷，也以為這些人可能說我軟弱、愚蠢。也許他們真那麼做了。但如今我們在這裡互相講述故事，好像荊棘叢中擔心老鷹來襲的麻雀般吱喳個沒完。此舉將大家緊密地連結在一起。

有位老人平靜地告訴我，他為我感到驕傲。我看看他是不是在開玩笑，但並不是。我壓根沒想到對方會這麼說。大衛走過來。我從小就認識大衛，而且一直很喜歡他，但是直到前幾年我才真正領略他的風度和善良。他陪我為父親守靈，和我坐在一起喝上一杯。大衛告訴我，他一輩子都是父親的朋友，而且還是數一數二最親近的朋友。我們一起流下眼淚，也會相視而笑。他跟我講了一個有趣的故事：我父親二十歲時因為送女友回家的時間太晚，而遭到對方父親的責備，接著穀倉那邊傳來騷動，他最終得幫忙女友的父親，在房子旁一間牛棚裡為一頭母牛助產。他告訴我，現在我父親去世了，他會竭盡所能成為我的好友，一如過去身為家父好友那樣。

這諾言聽起來很認真，而他果真也信守了。他一年到我農場來兩次，輕聲向我提供建議，以前我有問題時會問父親，現在轉而請教他了。以前他向父親買公羊，現在也從我這裡買，並會現身拍賣會場，以確保我家綿羊能賣到合理的價格。我已經四十五歲了，但仍然被呵護著。大衛不需要這樣做。此舉出乎我的意料之外，讓我感到窩心。大衛把我置於其羽翼下，他覺得那只是舉手之勞。他就是這樣子。今天他告訴我，他多希望家父能和他一起歡慶生日。我說自己也這麼想。他們一起長大，一起剪綿羊毛賺錢，一起參加舞會、追女朋友、把車開得飛快，也曾經一起想辦法擺脫麻煩。他們成年且各自組織家庭後，依然保持密切聯繫。他們見證了對方的奮鬥：借太多錢購買土地，然後辛勤工作償還貸款，但最終得以實現自己的計畫。

大衛幾年前曾大病一場，父親到醫院探望他，回家時很沮喪。他覺得自己是去見這位朋友最後一面。但是大衛康復了。現在，他正忙著招待現場每位客人，為大家送飲料，花時間和眾人交談，包括我的孩子在內。他問孩子有關家裡的羊以及學校裡的種種，然後派他那已成年的女兒去拿農莊玩具組送我兒子以撒（Issac）。盒子拿來了，似乎以前是他兒子的玩具。以撒開始玩起只剩一條腿的牛、殘留三個輪子的曳引機，和塗料已經剝落的金屬豬圈。

---

17 Cumbrian 意指坎布里亞特有的生活方式，位於坎布里亞（Cumbria）的湖區國家公園已被列入聯合國教科文組織世界遺產，亦被認為是英格蘭最優美的自然景區之一。

老人看著孩子們玩耍，並將椅子拉攏圍成一圈，閒聊起來。他們認為農業發展搞錯方向，錯得離譜。我注意聽。其中一位表示，農村地貌必須變回混合型的，應該耕作多種作物，飼養牛、羊、豬等牲口。他說：「現在只種單一作物，這個方法不好。如果你把雞蛋都放在同一個籃子裡，就很容易受到傷害，容易受到物價不正常波動的影響。他們要求你多養牛，還會貸款給你，然而一旦出現問題，銀行就來拿你的農場抵債，完全不留情面。千萬不要相信他們。」

另一個人（我認識他，但不便透露其姓名）表示，即使以前經營得有聲有色的農家如今也一蹶不振了。利率上揚，飼料漲價，而豬肉和牛奶的價格卻下跌，他們被這些數字壓垮了。我們都參加過農場的拍賣會，大家站在雨中，看拍賣員售出某位農民的生財器械和牲口。農民擺出堅毅表情，站在拍賣員的身邊，妻子則抓緊他的手臂，擔心他是否承受得住，同時露出傳達愛意的微笑。幾百位朋友圍著夫妻倆，買下自己並不真正需要的東西，一切只為表達敬意，只為能在帳冊上留下自己的名字。

我們都認識受心理問題困擾的農民，也都聽聞過農民自殺的噩耗。

父親另一個最要好的朋友傑拉德（Gerald）告訴我們，他常站在自家地勢最高的田地眺望伊甸谷，最近才意識到眼前只是一片「綠色沙漠」。他說，那裡再也不像以前有鳥類棲息。刺蝟都到哪裡去了？蝴蝶呢？其他人看起來不很自在。聽到他這樣講話我很驚訝。他說話的方式有點像我們曾經十分討厭的環保專家。

他們談的是一片大家都知道的土地，一片曾經長出濃厚金黃色穀物的土地，而穀物在風的吹拂和陽光的照耀下閃閃發光。如今這裡的地力已然枯竭，且就他們所知，種出來的作物是最糟糕又最病態的。該地已連續十五年用於生產穀物，現在需要休養，讓草再長出來，然後養些牲口，利用糞肥以使土壤恢復正常。他們聊起該地區的田地，就像聊起自己的老朋友，而這些老朋友經年累月缺乏適當照顧。

接著傳來另一位男士的聲音，這個我不認識的人坐在角落的舊扶手椅上。他說，現況都是金錢、貪婪的大企業和某些農民造成的。他們的索求越來越多，終至破壞了其餘的一切。他說，我們是不折不扣的大傻瓜，最終只是競相沉淪罷了。如果養一百頭母牛賺了錢，那麼就希望再多養五十頭以便賺更多錢；如果養一百頭母牛虧了錢，那麼就希望再多養五十頭以便擺脫困境。無論哪種做法，反正越多總是越好。大衛的兒子轉頭對我說：「這樣還有什麼意思？」

他們向來比較保守，我指的不是政治上的保守黨立場。為什麼這樣說？因為我在這些人還年輕的年代就聽過他們說的話。但情況發生變化了。以前他們始終言之成理，如今激進的聲音也出現了。而且他們也沒說錯，儘管我對於他們的看法和我一致感到訝異。我以為長大後已與他們漸行漸遠，但事實上，我們都從同樣的不良觀念中醒悟過來。我們所有人都設法想弄明白，到底發生了什麼事，還有如何從中脫身。後來，由於在座的人開始對這種嚴肅的政治議題產生戒心，所以紛紛起身取用布丁，像企鵝般排成一列走進廚房。雪莉酒的乳脂鬆糕、檸檬起士蛋糕、細切的水果丁沙拉。接著大家坐下來一起享用，並把話題切到足球等其他事情上。

§

從大衛的生日聚會回家後，我必須先去看看前一天被洪水困在小山上的幾隻綿羊。牠們安全無虞，但我仍想確定情況。我很高興能回到位於荒丘的老農場。河畔的草叢被壓平了，顯示出水位觸及的地方。收割過的草地出現許多水坑，像鏡玻璃那樣反射天空。四周乾淨明亮。蛋殼青的天空像一片海，點綴島嶼似的雲朵。我向下游大步走去，原本的涓涓細流逐漸加寬成為小河。

我家土地以無數種方式再度煥發生機。才剛經歷洪水肆虐的河岸已布滿野花，都從礫石間隙中探出頭來。毛地黃在微風中顫抖。棕色、橙色、白色的小飛蛾和小蝴蝶在花叢中來回飛舞。有隻蒼鷺從一百碼外的草叢中笨拙地飛起，拍動其風帆似的翅膀曲折前行，然後朝著山谷滑降，返回距離兩塊田地遠的溪邊。

每次洪水過後，我們的山谷就顯得光鮮亮麗。《聖經》中的洪水將人類罪惡的歷史席捲而去，但這裡的大水不同，它會很快消退，人類的過去和現在再度交雜浮現。

§

我家土地像首詩歌，嵌入錯落有致的景觀中，就像嵌入其他詩歌裡，而寫出這些作品的詩人成百上千，都是現在和過去住在這裡的人，每一代人都為其增加新的意義和經驗。這首詩歌如果你讀得懂，那它就是一套複雜的真理，同時包含絕美與教人心碎的時刻。它講述人類的勝利和失敗，還有人性中良善和缺陷的各方面。它也點出我們需要的是什麼，以及我們如何因貪婪而斷送的珍貴事物。它也告訴我們，什麼始終保持不變，什麼已經改觀，同時提到無數世代誠實勤奮的人，為了避免被世情更迭的巨浪沖走，不懈怠地堅持下去。它更講述那些一時沒把持住以致離開家園的，其中不乏事後耿耿於懷、現在正設法返回家鄉的人。

§

父親去世五年了，但在那之前的一段時間，我們就離開了他租來的農場。最後一次駕車離開時，我悄悄掉下眼淚，因為那是自己度過童年和青年時光的地方。這些田野曾經是我的遊樂場、教室和首次開始工作的地方。離開當天，浮現在我腦海的回憶都是在那裡學到的東西和無數美好的時刻。那座農場是我學習如何看待世界的稜鏡：這個場域讓我了解到自身處境中的天氣、農業、工作、社區和野生的動植物。那次我離開，就像跟摯友訣別。當時我放棄一個自己喜愛的地方，從中割裂出去。但那座農場的土地不是我家的，日後永遠也不會是。如果我們有幸堅持下去、創出一番事業，那麼地點將是荒丘上自家的農場。

我們在祖父那片廣達一百八十五英畝的農場上成家。五十年前，它應算頗具規模的農場，然而依據今天企業化農業的標準，它太小了。銀行經理就說，這座農場若當業餘玩票未免太大，若當正經事業來經營，又嫌太小，篤定賺不了錢。怎奈我家農場就是這樣。

§

有時我會回去舊的出租農場，那就像與自己曾經愛過、但如今已成陌路的人重逢。父親過去每隔幾年就要在山坡上放火燒金雀花，如今這植物已徹底絕跡，都是別人用大型挖掘機或推土機整片剷除掉的。農民將現代化潮流引進那片名為「採石場」的古老農田。種植草料的地用犁翻過，壤土被「改良」過。田地不再種大麥、燕麥或是蘿蔔。一切變得比較整齊，滿眼鮮綠，無論播種、耕作都更有效率了。以前我們玩捉迷藏的時候，常看到紅雀飛上電線，兔子鑽進山楂叢的縫隙，聽見岣鴨從黃色金雀花灌木叢的冠部傳來歌聲，如今這些動物都消失了。

我記得老人家點火燃燒乾燥金雀花叢的那一幕：他的目光狂野，四周火舌亂竄。我想回村裡探望校長的妻子（多年前曾抱怨過這件事），並告訴她，由於父親和每隔十年燒一次的傳統農法，鳥類的狀況比以前更好。但是她也走了，世界變了，那裡不再是我的家了。

§

以前有人說過，我們應該以彷彿自己可以活到千歲的心態從事耕作。這個理念的精神在於，如果世人都願意正視自身行為的長遠後果，不要把造成的麻煩留待後人收拾，那麼保護自然資源一事可能就會做得更好。我想，考慮千年後的未來未免太過沉重，實在教人費解。誰有錢到能夠擺出如此聖潔的身段？也許幾個貴族或者大型保護組織？稍微有點常識的人都不會懷疑轉變的必要性。自我有生以來，英國農田中野生動植物數量下降的統計數據真教人怵目驚心，而且氣候正造成詭異、可怕、前所未聞的災害。我們知道需要變革，然而一旦深陷在當代的現實泥淖裡，就需弄清楚該做哪些變革，以及如何落實這些變革。

我們生活在地球上，不像天使那樣在半空中來去，所以不能與它完全分開。這種誤導人的理想主義從啟蒙運動時代即已出現，並在工業革命期間變本加厲。人們離開鄉村、前往城鎮定居，過了一兩代後，他們受過良好的教育並且富裕起來，便開始以一種休閒的、避世的心態回到鄉下，同時與地景發展出一種新的關係。

我們離開鄉下時還是農民，到返鄉時，只有其他的人（那些比較堅韌的人）還是農民，而我們只是喜歡「自然」而已。我們擺脫了農業殘酷的現實，又與那些提供食物給我們的人疏遠。大家發現舊的生活方式難以忍受，並對屠宰和死亡等事避之唯恐不及。這種烏托邦思想很能討好我們那已獲改善的自我，然而理想主義和牛糞羊屎之間不過一線之隔罷了。

就技術面而言，我們對大自然所能做的最大貢獻就是根本不要出現在其中。鑑於人類對生態的負面影響，有人建議，我們應該在某些地方採用最不好的集約化耕作方式，以便在其他地方（例如高地）盡可能「騰出」土地來保護野生狀態的自然。

儘管此一絕望論調不難理解，但實際上這種解決方案根本就行不通，因為理論上所謂的「保留地」很少能成為預想中的荒野。各地農民出於對「效率」的崇拜，實際上依然會使用龐大的化學和機械手段進行集約化生產，進而導致土壤貧化。即使情況並非如此，然而由於人類基礎設施（如公路、鐵路和房屋）必不可少，大部分的鄉下地區從各種定義上看都不可能是荒野。而且，就算高地可能出現荒野，那些地方也絕對不可能是孤立的生態系統。要勉強稱得上「荒野」，就必須有大量大型食草動物在高地和低地之間遷徙，還要有大型食肉動物尾隨其後。這種真正的荒野景觀（以及能使其中生態正常運作的某些物種）已經消失，而且不會捲土重來。

放棄農田與恢復野生生態系統遠非同一回事，以成群的鹿取代成群的羊，其實也沒什麼益處。人類是最高階的掠食者，可以採用合理的、師法自然的方式落實這種功能，否則由於沒有天敵，諸如鹿或野豬之類的物種就會對生態造成破壞。

值得慶幸的是，我們不必費勁找回失落的過去，因為許多物種實際上都在傳統的農田中繁衍生息，尤其是在供應收割草料的草地、矮林地（coppice woodland）[18]和樹籬

---

18 指經過定期砍伐而重新生長的區域。一些植物會從被火燒、乾旱或被砍伐的根部、樹幹基部等處產生新的枝苗，從而形成多莖幹植株。

等處。許多農地物種如今已變得稀有，因此我們必須注意，不要失去保留的傳統農地景觀。像麻鷸這樣的鳥已經與人類密切共存了很長一段時間，以至於誰也無法確定，牠們長遠以前的棲息地究竟在哪裡。

倒不是說世人不需要荒野，我們當然缺不得大片的荒野。然而，事實有其複雜面：無論什麼地方，即使是最受悉心照顧的農田，我們也都需要自然。為了永續經營這些農田，我們需要找到可行的折衷辦法。對大多數農田而言，絕對找不到完美的片面解決方案，一味保護荒野或是一味提高生產都無濟於事。我們需要重新讓農業與自然融合在一起，而不是讓兩者進一步疏離。

英國的人口密度為每平方英里一千一百多人，每天要餵五千六百萬人吃三餐。英國大部分的土地都用於耕作，而且實際上還會繼續下去，因此最關鍵的生態挑戰便是如何使生產力高的農場成為大自然健康發展的地方。我們無法將過去所犯的錯一筆勾消，但每個農民都可以從自己現在站的位置做起，讓情況好轉起來。

有些答案要往過去的經驗裡尋找：在我們學會以新技術抄捷徑之前是如何耕作的？其他解決方案則需要依賴以科學為基礎的新辦法（例如，分析土壤的健康狀況、研究放牧方式以便找出最有效的策略，或者向生態學家請教需要重建的棲息地與自然進程）。大家可以既耕種土地又擁有健康的土壤、河流、濕地、林地和灌木叢。我們的土地可以長滿野花和青草，到處都是昆蟲、蝴蝶和鳥類。世人如果渴望徜徉在這樣的環境，就會推動立法並願為此付出費用。

若要達成此目標，我們就必須放棄過去幾十年來引導農業和食品業走向廉價的食品政策。我們也許不該輕易接受每一種新技術和新意識形態，反而應該關注昔日一些相當簡單的技術和理念，例如重視良好的輪作混耕法以及合理的土地管理法。創造更理想的鄉村景觀有個良方：動員農民與其他的鄉村居民，善用他們留存在記憶中的傳統經營管理文化，觸動他們對土地的熱愛與自豪感。我們可以建立一個新的英式田園：不是烏托邦，只是一個多少適合我們每一個人的地方。

§

父親過世前的那幾個星期裡，喜歡和我一起在農場周圍到處看看，並坦率談到自己死後的情況。在他的想像中，我被推到前台的位置，他已成為過去式，不再具有任何意義，這點令我感到難過。我勸他不要那樣想。在我心目中，農場仍然是「他的」，我也設法說動自己，他也許不會死。但是他很清楚，他在接力賽中已努力跑完自己的那一程，現在要將棒子交出去了。交棒並不代表結局或者失敗，不應引發悲傷，似乎反而給他極大安慰，因為他覺得已完成打算要做的事。

在過去的幾個月中，當他發現自己無法康復，也許只剩下幾週的時間可活，他就不得不選擇度過餘日的方式。母親問他想做些什麼，他的答案很簡單（完全不出意料之外）。他想回家，回到農場去住，盡可能延後大限之日的來臨。他未訴諸文字，也未口頭說出，只在心中擬好一張表，列出農場尚待完成的工作，然後他開始逐項執行任務，不過有時體力不濟，只能將速度放緩。

某個週六，他帶著我的長子以撒和小女兒蓓雅（Bea）一起修好一道門，因為他說從沒指望我「會把那件工作做好」。那是我家農舍對面牧場的門，隔開家裡放牧綿羊的野地以及到處長滿野花和野豌豆的草場（我們每年夏天都來收割青草製成乾料）。門的兩側各有一堵老牆，其上覆蓋苔蘚和地衣，根據時間的不同和光線的變化，分別呈現出綠色、黃色、紫色和銀色。幾個世紀下來，這堵舊牆已因自身重量導致牆腳陷入地裡，某些地方甚至深達六英寸。而且它還左右彎曲，高低起伏，遠望過去就像一條鬆開來的鞋帶。牆壁的背風側還積著一堆去年秋天山毛櫸的黃銅色落葉，而那葉子一壓就碎，聲音聽起來像踩在腳下的塑膠脆包裝。

我那七歲大的兒子以撒稱這道門為「爺爺門」。他經常告訴我，門是他、他妹妹和他祖父一起修理好的。他的祖父廢物利用，用從兩扇破損的門回收的材料拼成一扇完整的。先前我妻子開車送孩子上學時撞壞了其中一扇，因為她從農舍院子倒車出去的節骨眼，後座的小孩正在爭吵，她一不留神就撞了上去。

修補好的門看起來有些奇特，但是功能很好。我幾乎每天都會穿過那裡。這門如今開關起來相當靈活。爺孫修門的時候是雨天，但他們似乎不介意。他們回來時衣服都濕透了，不過臉上漾著微笑，因自己能一起完成工作而感到驕傲。父親知道現在已無法教給我的孩子千萬種東西，以致本來有機會成真的好事，如今可能事與願違了，但是今天他為農場的一對小兄妹展示了一個真理：可以把破碎廢物改造成新東西。

§

父親去世兩三年後，我才弄清一個再簡單不過的事：我已取代他的位置。我們每個人不過是上一代人和下一代人之間的短暫片刻。現在我做出的決定可以左右自家農場，然而我的選擇幾乎和在此定居的第一代農民所能做的選擇一樣有限。我家土地位於丘陵，何況偏北的高緯度、海拔高度、土壤性質、溫和氣候（受墨西哥灣暖流的影響）以及當地農耕季節，在在制約了我們採取的諸多農法。像我們這種大湖區荒丘型的農場，總是以放牧牲畜為主要活動。英國有四分之三左右的土地不適合種植農作，而我們的土地可以歸入這一類。可是，我們仍有帳單需支付，對家庭和社區也有義務要盡。我們必須在自家土地上種些東西來賣才行。

我家農場仍然致力於育種和銷售在草場上養大的牲畜。我們必須保住土地，同時維持生計，直到將祖業傳承下去的那一刻來臨為止。我不知道我的哪一個孩子願意接管農場，也不知道他們當中哪一個實際上有能力挑起擔子。人生很複雜，我很難猜想那片田地能為他們帶來什麼好處。我只希望他們在童年時代能學到更多農業知識，包括對自然界的尊重與熱愛。能在這座山谷裡成長，這個機緣多麼難得。孩子們可以像半開化的人那樣在野外遊蕩，並在樹林中和小溪畔嬉戲玩耍。

我們將會繼續務農，彷彿認定有朝一日，會有哪個或是哪幾個孩子願意繼續耕作，同時也擔心自己在未來的幾年內是否還能堅持下去。現在，我們每天起床後只求竭盡所能將事情做到最好。

§

凌晨時分，我躺在床上，遲遲無法入眠，腦子像加速運轉的引擎。我的心緒全被農場占據，許多決定和選擇等著我做，因此排擠掉其他事務。煩惱、失意和債務問題揮之不去。我開著窗戶，傾聽黑夜的聲音：貓頭鷹的嘶鳴、風吹過梣樹林、鵝隻路過時的交談。太陽冉冉升起，光芒氾濫開來，照亮我頭上銀色調的橡木樑，也在塗了灰泥的天花板上投射出三角形的陰影。房間光燦燦的，彷彿陽光穿透一罐金色蜂蜜再射進屋內。

我走下樓。兒子以撒一般都會尾隨而來，兩眼惺忪，頭髮蓬亂，還沒穿戴整齊就在曙色將透之際和我一起下田。但今天他還在睡，而我必須出門看看即將分娩的母牛。昨晚牠的骨盆部位似乎已經撐大，眼看就要產犢。走出前門，我挺起了腰桿，面對蒼白的天空與其邊緣的藍綠樹木，走入黎明中的冷冽。

大概六歲那時，我得到一本立體的繪本書，講的是穿靴貓的故事。只要把書打開，硬紙板的樹木和山脈就從裡面立起來，形成三到四層風景。每當我從農舍望向帕特代爾（Patterdale），那天際線便使我想起那本書。上方的一抹藍預告五月下旬的早晨天氣會很不錯。

我走向山坡上的穀倉，看著沉積在下方凹陷處的白霧，那是被荒丘包圍的奶色海洋。在這樣的清晨中，從寒冷的平地爬上荒丘的坡面時，就會感覺到拂過臉頰的溫暖空氣。第一道陽光出現，我又看得見農場了。我為眼前將出現的景象稍微屏住呼吸。下面的白霧開始被熱氣逼退。我家穀倉旁那棵橡樹上半部的枝椏在曙色中顫動。荒丘頂部被照映成橘黃色。

§

我們始終在第一道陽光初現時出門當牧人，也就是說，到農場繞一圈，看看牛羊一切的狀況是否安好。這種「牧場主的工作」（stockmanship）依然是我們日常生活的重要一環，且和以往任何時候一樣，都是省不得的。然而，我將每天早晨巡視牲口的例行活動擴展到考察自家的土地和山谷，設法真正了解並欣賞田地及其周圍地區的自然環境，同時思考，該如何更有效率地加以保護。我也想要了解以前被視為天經地義的事物，或者根本視而不見的東西，比方有生機蓬勃的土壤、種類繁多的野花野草和自家田野旁的林地，比方是否藉由放牧充分利用光合作用所產生的資源。

我們的農場已超過五年不使用人造肥料，所仰賴的唯有健康的土壤和陽光。我們在很多方面都對自家農場做出小小的改變，例如在小溪旁創造新棲息地、復原沼澤地與牧場草地，以讓更多種類的花朵在此生長。我們找回上一世紀便已無人聞問的種子和植物，藉此重建可供割製乾草的草地，同時種植更多的林木和樹籬。我也開始關切那些自己在小時候從未想過也不會多看一眼卻又至關重要的生物，例如飛蛾、蚯蚓、糞金龜、蝙蝠、蒼蠅，以及隱藏在溪流岩石下面的蓬勃生態。

在兩塊田地之外，麻鷸飛進溫暖的空氣中；在荒丘上，杜鵑在樹林的陰影裡輕聲啼叫。咕咕，咕咕，咕咕。白嘴鴉在柏德豪（Bald Howe）那邊房屋旁的梧桐樹上彼此憤怒地呱叫著。晨色甦醒之際，不知從哪裡傳來寒鴉的喧鬧。我帶著名為「小丹」（Tan）的狗兒從穀倉向前邁出二十步，很快又回到旭日光線尚未照射到的地方，回到寒冷田野的陰影中。還要再等一個小時，陽光才會斜斜射進藍灰色的谷底。小丹一身濕漉漉的，毛皮黏著白色的草籽和黃色的花瓣。我的領子沒有上釦，牠那冰涼的腳爪搭上我脖子，令我顫抖了一下。我的皮靴也濡濕了。

陽光照射在東南方荒丘的山巔，好似令它戴上一頂橙黃色、檸檬色和白色的冠冕。新的一天，眼前嬌嫩的花朵仍因寒冷而緊閉著，就像緊握了的小拳頭。毛茛低著頭，彷彿依然屈服於黑夜。蒲公英則沾滿露珠。我們路過時，一隻不知躲在草地什麼地方的母麆鹿竄出來，領著幼仔奔向田地邊緣，神色充滿戒慎。在另一片田裡，母牛躺在那裡咀嚼著反芻的食物，新生牛犢則依偎在牠身旁。牛犢已吸吮過她那閃亮的乳頭。母牛對我微笑，好像在告訴我：一切安好，無須掛慮。我又靠上前去，牠的鼻子微微噴氣作聲，並且搖了搖頭，這是進一步讓我明白：干預既無必要，也無用處。我退了回去。

§

我一生都在這裡工作，但直到現在才真正了解這片土地。我在一天中不同的時間點或是在不同的光線下走進某一塊田地，感覺上好像以前從未見過它（反正不是眼前的樣子）。我越了解這地方，就越覺得自家農場和山谷十分美麗。只要一離開它我就難過。我永遠不想從這個地方、從它那不止息的脈動中被扯離。待在這裡的時間越長，越能清楚地聽到這座山谷裡的妙音：雌鷦鷯在矮樹叢中鳴叫、蘇格蘭松在風中吱嘎嘎、地上青草沙沙作響。我和這地方的己彼區別越變越模糊，終至融入其中，成為它的一部分。

等到來日我在這裡入土為安，一段更長的、持續一生的歸鄉故事才告終結。「我」慢慢消融，隨著日子一天天過去，「我」逐漸被磨蝕掉，直到連要想起自己是誰、重要性何在，都變得費力為止。現代世界崇尚自我、個人，但那是一個鍍金的牢籠，所以醉心於與土地連結的淡泊生活也是另一種自由。在這個紛擾的年代，我認為甘於安靜度日可能是個優點。

聲。當我爬過牆頭回到草地上時，牠們都看著我，然後發出示警，很快就飛走了。這片土地冬天時看起來並無特別之處，也與幾英里外低平的集約化耕地沒有明顯的區別。但三週前，我將它圍起來種植準備割製乾草用的青草，暫時不讓牲口來此覓食，現在它已開始展現令人驚奇的粗獷美。這裡每天一個風貌，由於有百多種植物競相成長，然後開花、結籽，顏彩各階段都不同。

幾隻烏鴉在晨曦中嘎嘎鳴叫。翅膀拍打空氣，聽起來像是老人喝咈喝咈的喘息

§

我翻過草地邊緣的柵欄，沿著小溪旁的「觀景路徑」走去。我來到綿羊聚集喝水的沙丘，驚擾了兩隻鳧鳥，只見牠們猛然沖向天空。在我身後，剛剛產犢的母牛對群體中的朋友哞哞地叫，而牠們也出聲回應。

要是以前，我會覺得這些被圍起來的土地大致上沒有牲畜前來就食，簡直是暴殄天物，但如今這裡已成為我的課室。我了解到，隨著時間的推移，野生植物如何生長、河流在條件容許時如何改變，還有樹木如何長大、老化、枯死、腐爛然後重返塵土。才十年前，我家農場裡並沒有這樣的角落。它之所以出現，都要歸功於一位名叫露西

（Lucy）的年輕女性，因為她改變了父親和我的觀念，讓我對於良好的土地管理產生全新的看法。

§

露西來找我們開會，討論流經我家土地的溪流。爸爸說她是「水利局」的人。但她不是。凡是與河流或水相關的人都被說成「水利局的」，稍微有點不放在眼裡的意思。實際上，她來自當地一個河川保護的慈善機構。在將祖父的穀倉改建為住所之前，我們暫時用一輛露營車充當農舍，也是接待她的地方。父親挺喜歡這輛車，儘管我是花錢將它買下的人，但他還是滿口「我那輛露營車」。他會邀請朋友上來喝杯咖啡或是一罐啤酒，然後閒聊一陣，大家說這是「馬特代爾俱樂部」（Matterdale Social Club）。

那時，海倫和我住在卡萊爾市，房子是一棟紅磚造的連棟式建築，附近曾有許多棉紡織廠和其他工廠，也是我們唯一負擔得起租金的住所。我每天開車回農場工作。那年，卡萊爾市發生了嚴重洪災，大水一直淹到距離我家前門才幾公尺的地方。我們看到數以百計的居民被泥水逼得撤離家園。大水退去之後，他們那些浸過水並散發臭味的家當被清理出來，堆在街上：寬屏電視、地毯、椅子、ＤＶＤ、桌子椅子、兒童玩具。東西從門口和窗戶扔出去，再丟進垃圾車裡。有人猜測洪水從何而來，以及該採取的防治措施。我家農場位於二、三十英里之外的河川上游，是一大片流域內的極小部分，而我認為這就是露西前來實地考察的原因：看看是否能減緩河水流速，以便遏止部分洪災。

我們坐在露營車裡，開著瓦斯爐火，等她登門來談河流的事。父親開起玩笑，直說露西可能要來責備我們，但他不會太當真的。不然她也可能為了連我們自己都不知道的罪行來把我們關進監牢。

她走進來，立刻得面對放在她眼前的那杯茶。父親在廚房衛生方面表現得並不出色，那個杯子髒得要命。他經常用看起來教人不太放心的水沖洗染有茶垢的杯子。露西十分正常、鎮定甚至討人喜歡，我們的戒心消除了。我們被她說服，相信她不是來找碴的，更不為責備我們而來。大家才說了一些玩笑話，雨就停了，於是便走出去參觀我家的土地。露西告訴我們，如今的河流多麼不自然，需要用什麼辦法對治。她指出一些值得稱道的東西，也指出一些不怎麼理想的地方，聽起來並無高高在上或是擺專家派頭的架子。

她告訴我們那條河流的故事，那條大家雖都熟悉卻鮮少關注的河流：實際上它在十九世紀時已被截彎取直並加以疏濬，而且通常僅靠徒手完成。這些不折不扣的人造排水渠道都太直、太深、太整齊了，以至於不再適於鮭魚和鱒魚的生存。她解釋道，在健康的河川中，流速快慢、河幅寬窄、淺灘深潭應該交互出現，還必須有可供魚類產卵的礫石和淤泥。她的言談並未對此發表論斷或非難，只是直接陳述事實而已。我和父親把她的字字句句都謹記在心，因為以前沒有人會費心告訴我們這些，何況她又言之成理。

露西又說，可以採取許多明智措施來「減緩我家農場下游的水流速度」。有必要讓河流再度貼近自然，減少工程干預，使它有空間搖擺並蜿蜒前行，而且河岸應該廣植樹木，河裡蓄有足夠的舊木頭，如此一來，河流對魚類與其他生物而言將更健康。她說，樹木種對地方還可以減緩洪水的速度，使其滲入地下而非在地表肆虐。荒丘和高地沼原的草叢、苔蘚和泥炭坑就像一塊巨大的海棉。牧場中的好土比密實乾硬的死土更能涵養水分。她說，如果將這些條件結合起來，就能創造出更多自然的河川棲息地，而這將對整體的景觀發揮很大的影響。

如果主張這些措施到處都可落實，那未免太不切實際，但在某些地方（包括我家土地在內），這目標的確可以達成。她問了許多關於我們如何耕種的問題，並且提到，如果願意接受他們的幫助，我們可以採用不同的方式耕作土地。因為她有資金，改變並非空想。如果我們願意和她合作，她很樂意付錢。

我們和許多農民一樣，或許依然不願相信自己的土地已經與往昔大不相同了。隨著時間流逝，即使是祖父深愛的古老農場，情況也發生了變化。這裡的變化的確誠然不像山谷以外那些所謂的「改良土地」那樣徹底，但一樣遭到相同勢力的蠶食。在我家那些小面積的田地之間，老樹籬已長得過高，柵欄生鏽，柱子朽蝕。我們無力維護或者重新更換，因此小片田地被整合成較大片的田地，所有土地都以相同方式進行管理，而且地上的青草經常被羊啃光。

露西願意付錢幫我們把舊的田地邊界恢復以往，甚至建立新的邊界，農場將能變回拼花布般的景觀。不過她也希望能將河岸、沼澤和林地圍起來，並以不同方式加以管理，放牧規模也要大幅縮小。她想要讓樹籬變得更寬，然後多種幾千棵樹。

露西坐了大約一小時後，我突然領悟到，有件不尋常的事發生了：我的家人從來沒有體驗過這種開誠布公的對話。我們一向對干預家裡事務的外人持懷疑的態度。但不知為什麼，這一次父親卻非常投入。當時的氣氛有利事情進展、有利雙方相互尊重。露西對於山谷必須如何促進河流優化以及魚類繁殖的遠景，和我們對傳統農業的土地管理信念不謀而合。她的計畫將幫助我們在新住家周圍重建最初的田野格局，並恢復已逐漸消失的荒丘農地。如果我們給出她想要的東西，她就補助我們修築新柵欄所需經費的半額。說坦白點，我們父子是懷著私心聽取這番話的。我們比較感興趣的可能是半價的柵欄而非柵欄內將發生什麼事。

父親仔細聽完露西的話，然後令我驚訝的是，他竟將最終的決定權讓給我。他說：「這農場早晚是他的，那就由他自己決定。」後來我問為什麼同意這項徹底改變農場的計畫（將河岸圍起來、廣植樹木、一英里長的新樹籬、重新調整土地利用方式），父親只說我們「又不是家裡挖出金礦了，可以獨力自行支付新柵欄的花費，所以應該配合著點」。

幾星期後，一群由波蘭人組成的工班在隆冬時節來到農場，開始按照我們與露西達成協議的計畫改造農場。

波蘭人在雪地裡勞動，他們吃苦耐勞的精神令父親印象深刻。

§

事後看來，露西說服我們把那些溪流圍起來的事確實是聰明之舉。也許父親因為默默支持這番改造，所以也感到與有榮焉。露西並非從此接管這些土地，也沒有終止我們對它的責任：她只是落實一系列的各種規則，並將土地交給我家照顧。

我們頭一遭為了農業以外的動機管理自家土地。這些土地幾乎全部交還給大自然去發揮。她和父親讓我搖身一變成為準荒野空間的守護者，而當時我還沒領會到這點。

這對農民來說可是個大轉變，最初並不容易，但從長遠來看卻是劃時代的。這可能是好幾代人以來首度將土地「去改良化」的舉措。踏出的第一步改變了我，也改變了我家農場。一旦你動起來，步驟就會變容易了。

§

波蘭工人在我家河岸上圍起柵欄，不久，草叢長得比以前更加茂密、更加恣意了，而田鼠的數量也呈爆發式的增長。牠們在樹根到岩石間的草叢亂竄。才幾星期工夫，消失多年的蒼鴞又重返我家土地，並捕捉田鼠來大飽口福。家裡每一個人都為蒼鴞重返的事感到自豪，因為計畫已收立竿見影之效。這對自我認同很是重要，祖父如仍在世，可能會很讚賞這一點。

從此之後，野生植物逐漸回到這片土地（儘管它要花更長的時間才占上風，而且過程很難明顯看出）。最初的三、四年裡，在河岸上稱雄的盡是強韌粗壯的野草，較小株的開花植物失去了立足的空間，生物的多樣性暫時減少了。但到了第四、五年，紫色、黃色的花朵突然到處綻放，從草叢裡冒出頭來，此外，夏日夕陽西下之際，蝴蝶和蜜蜂等昆蟲開始在比較荒僻的區域來回飛舞，看上去彷彿瀰漫著金霧。

在我們的協助下，每條小溪也慢慢找回自己的空間，擺脫了十九和二十世紀的緊箍咒，像被扔在地板上的義大利麵一樣自在地蜿蜒扭曲。河岸上自發長出小柳樹和赤楊木，小礫石地在這些樹木的後方開始形成，起初很不起眼，但很快就變寬，最終調整了溪流的河道。樹苗後方溪水的流速放緩後，魚兒開始在滑落水道裡較小的礫石上產卵。

§

如今河岸上已形成繽紛熱鬧的野生動植物通道。滿眼都是紫色、黃色和粉紅色的花朵，都是飛蛾、蝴蝶和白鼬，並與野兔、獾和狐狸的低陷路徑交會。現在有個帶著兩隻幼獸的母水獺也到這樂園中占據地盤。各種鳥鳴的交響曲傳進我的耳裡：蒼頭燕雀、黑鳥、畫眉、林鶯、青山雀和煤山雀。還有林鴿咕咕地叫。我在屋子附近吃早餐時，帶著幼子的麞鹿飛奔經過農舍前面：這是牠們從草地走到樹林的必經路線。

§

我十歲那一年，爺爺叮囑我要「種樹」。然而據我觀察，他本人從未以身作則種過半棵樹，這真教我有點困惑。我想那是他認為應該做而自己卻未實踐的事。一九四〇年代他買下農場時，堆置場裡曾有幾棵蘇格蘭松，每次他談起這件事，語氣頗帶眷戀。但我只看過腐爛的樹樁，我曾在那裡玩過塑膠製的玩具士兵，還因不小心碰掉一塊殘木而遭傾巢而出的紅螞蟻咬傷。

但是這些年來，祖父的話一直在我腦海迴盪，最終發揮功效。

§

去年三月，就在產羔季節來臨前的一個溫暖、灰暗的星期六，我們將孩子聚集起來，一起前往土地上被圍起來、較荒僻的區塊。橡樹幼苗從粗麻布袋裡向外偷窺，並已開始發芽。我們必須將幼苗種進土裡。鏟子插入草地，挖出可容納根部的空洞。我們輕輕將十八英寸高的樹苗放進去，然後用靴子的後跟和前緣將每一棵周圍的草皮和土壤緊緊壓實。長女莫莉（Molly）帶來護樹板和木樁，用來保護樹苗，以免被鹿啃食。她悠閒地涉水越過小溪，駐足觀看小魚像飛鏢一樣快速躲進陰影的光景。以撒拿著幾棵樹苗，步履不穩地穿過長高了的草叢。他告訴我，等他當祖父時，他會回來這裡，看看這些樹苗「到底有沒有長大」。他似乎對整個計畫半信半疑。

母親在小溪的另外一邊，正解開一捆捆榛樹和山楂樹的幼苗。她的頭髮已變灰白，而且體力不如從前，不過情況如果允許，她喜歡在農場幫我們做些比較輕鬆的工作。她說，只要來到這裡，她就覺得離我父親更近，感覺他仍然和我們一起幹活。他的骨灰撒在位於高處、名為「馬牧場」的田裡，這樣他就可以「盯著大家」。每當她情緒低落時，只要來農場上勞動，做些父親曾做過的工作，似乎即能收到緩解之效。

母親成為這座農場的記憶庫，例如她提醒我，父親在重整樹籬的時候總是每隔三、四十英尺就種下一棵樹幹挺直的小橡樹或是小梣樹，這樣它便可以長高到樹籬的上方。過去的一年中，我們再度以傳統方式重整一部分的樹籬，只是經過三十年的疏忽，那些僅存的、成長一半的樹木都是原先我父親留下的。這些樹沿著堤防驕傲矗立在樹籬上方，開展樹冠，與鄰樹相接觸。

§

我走在小小林地旁廊帶的頂部，經過「劈裂石」（幾千年前由冰川搬運至此的一塊巨岩）旁邊，然後穿過木製大門回到家裡。眼前的山谷被陽光分成兩半。農莊後面朝南的荒丘在嶄新的一天裡反射耀眼光芒，溪流另一邊的草地上有野兔跳躍前進。牠一上一下的動作，就像你從遊樂場裡人群的背後望向旋轉木馬那樣，上半身隨著在草叢中的起落，忽而出現，忽而消失。然後牠停下來看著我走過，只見草叢裡露出兩只向後收攏的耳朵，像個大寫的字母K。

§

回到農舍，我看見一個小男孩正向窗外窺探，一個結實的小不點，他長著一頭拖把似的金髮，面露狡黠的、有所期待的微笑。那是我家還不滿兩週歲的小兒子湯姆。他似乎和與他同名的祖父一樣固執，也對農場十分癡迷。他把臉貼在玻璃上，好像被外面的事物吸引住了。才幾個月大的時候，他已會坐在花園裡看著母雞，或是看著紅松鼠偷走鳥兒採集的堅果，或向對面山坡上的羊群大喊「咩咩」。如果哪天我去餵牛羊時不帶上他，他就會發脾氣。他落寞地站在門口，兩行淚水順著臉頰流下，或者憤怒搖撼花園大門，為這不公正的對待嚎叫抗議。房子和花園之外似乎有什麼東西在呼喚他。他經常和我一起外出，他的媽媽有時也會來陪我，以便在我專心工作時也能確保他的安全。穿戴連身衣褲和連指手套的這個小男孩似乎對惡劣天氣無所畏懼，有幾次他坐在四輪摩托車上，防護罩衫都濕透了，小臉頰冷冰冰又紅通通，但好像鐵了心，無論如何都要撐下去。

每當我喊牛群來吃乾草，湯姆也跟著喊。每當我向狗兒下命令時，他也嗓音全開地學著我叫「小丹躺下」。狗兒不聽命令，自顧上來舔他的臉，他想趕也趕不走。照顧好羊群並餵牛兒吃飽後，我們就踏上歸途。我伸出雙手要將他從四輪摩托車上抱下來，他搖了搖頭，彷彿他寧可整晚快活地坐在雨中，生怕隔天再也等不到外出的機會。因此，我走入農舍時，一面將他抱在懷裡擦乾身體，一面說道：「對不起啦，改天再帶你去看小牛喔。」我吃早餐的時候不忘說故事給他聽，但他似乎不相信故事中提到的巨龍。

§

吃完早餐，我帶著小丹和另一條名為「牙線」（Floss）的狗出發，朝著農舍旁樹木繁茂的山溝而去。這處巨大的V形山溝是溪流在山坡上沖蝕出來的，它將我們位於低處的土地與位於高處的田野相連起來。暴風雨來襲時，我家房子旁邊的溪水會洶湧地刷刷而下。冬季的狂風會從荒丘上刮下來，一陣又一陣衝過我家屋頂的石板，而我們只能像藤壺一樣，緊緊抓住岩石不放。

山溝幾乎有四分之一英里長，最深處約七十英尺。一個世紀（或是更早以前），不知道誰在底部種下雲杉，如今溝裡橫生著常綠的枝椏。你可以從高地上俯瞰這些雲杉的樹冠。禿鷹在一張兒童床大小的平台上用樹枝築了巢。當這些樹木被暴風雨吹倒，頂部通常會跨到山溝的另一岸，並形成長滿苔蘚的空中通道，而且最終會被來來往往的紅松鼠踩得十分平滑。

我帶狗兒走在山溝中，每遇到這種倒下的樹木時，就彎腰低頭從下面鑽過去。這些山溝是極其重要的生機紐帶，從上方的荒僻林地一直延伸到谷底，同時貫穿我家農場。斷裂扭曲的老樹似乎是這處地盤的主人。以撒曾說，也許等我們目光移往別處時，它們就會甦活過來，就像托爾金（Tolkien）書中的「樹人」一樣。纏結的根有時會冒出地面將人絆倒，有時放出老鼠與其天敵白鼬。當登上丘頂、走進燦爛的陽光下，我彷彿聽到某處傳來錘子敲打的聲音，以及迴盪在荒丘間的木材劈裂聲。

§

穿過大門，朝「新野地」走去，便可看到我家土地的最高點，也是條件最差的一塊地：三分之二是朝南陡峭草坡，三分之一是沼澤。我們在父親去世幾個月後買下這裡，因為它正好要賣，而且又很便宜。不過便宜並非沒有道理，畢竟這塊地僅適合粗放牛羊，何況又位於我家農場上方一條小路旁的孤立角落，所以除了我們，對其他人都無太大用處。到了夏天，坡地滿是開花的草，如山核桃、紅白色三葉草、夏枯草、毛茛、勿忘我、黃花九輪草、野豌豆、蘭花和毛刺薊。

購買這片土地時，我們已擬定好環保計畫（比方何時可以放牧以及如何放牧），以便保護地面上的野花。那裡地勢最低的地方是一片沼澤，土質濕軟到幾乎無法站在上面。沼澤表面覆蓋一層草皮，但是若即若離，像卡士達上的厚皮。周圍高地的水都排進這個低窪處，而且由於大部分的水都無法排出，所以地面總是濕的，只見泥炭中長著茂盛的燈心草和長長的草。杜父魚之類的小魚一見我的影子靠近便飛速逃離，潛入幾碼之外的池草中。

我們買下那塊地前，柵欄大部分都更換過了，獨有貫穿沼澤的那一道雖已傾倒，卻仍保留原狀，也許是因為施作柵欄的承包商不肯把腳弄濕。所以，這塊土地一旦成為我家的產業，我便僱用另一批工班來修築新的柵欄，以確保土地安全無虞。我們沿著柵欄線前行，估算工作量並商定費用，這時突然發現鄰人一頭母羊的屍體陷在沼澤中，臉部被獾啃到見骨。我倒希望小伙子們建議我自己動手修築柵欄，誰知他們不畏挑戰，現在已在那裡動工了。我偶爾會過去看看他們的情況是否還過得去。

六隻牧羊犬在陽光遍照的河岸草地上嬉戲，不是相互追逐就是一番廝鬥。一名黑髮闊肩的小伙子涉過沼澤淺水向我走來，兩條曬黑了的裸露手臂滿是汗水，因為他肩上扛著柵欄的柱子，穿過燈心草叢，要去夥伴工作的地方與他們會合。他用空著的那隻手拂去一隻正在叮咬他手臂的牛虻。在這種草長得很高又潮濕的地方，牛虻（當地稱為clegg）最是猖狂。牠們會吸你的血，並在你皮膚上留下不小的咬痕。其他牛虻則繞著他四周輕盈飛舞，伺機停降在他身上。

我涉水走到剛打下的欄柱旁找他，這時我兩腿膝蓋以下的部位都濕透了。等我走到他的面前，才看到塊頭最大的那個小伙子站在黑水及腰的地方揮動樁錘。他們搬來長柱，將其打入沼澤下方較堅硬的土壤，並藉由鋼絲的張力將柵欄固定在適當的位置。黑頭髮的小伙子告訴我，他們在小路上看到我家走失了的幾隻綿羊，總計兩頭母羊、三隻小羊。旁邊被圍起來的土地上有牛虻在騷擾綿羊，我該去看一眼。

這些小伙子不做承包工作的時候，便帶著牧羊犬爬上荒丘，為其他農民把羊群趕回來。他們還會剪羊毛，並在自家的農場上工作。這些人看起來笨拙，但是湊在一起工作就很開心。小伙子會互相嘲笑別人的女友或是別人追不成女友的糗事，此外還揶揄塊頭最大的那個，只因他被水浸透了，所以要求工班其他人下班後請他上當地小鎮的肯德基吃一頓。他的同伴告訴我，他最喜歡吃那種垃圾食物。接著，忽然下起雨來，而雨水被燦爛的陽光一照，彷彿化成了數百萬個水銀滴。我們躲在一棵柳樹下。雨水重重打在橄欖綠的葉子上。我們等著。

藍色和翠綠色的蜻蜓在楟樹外展的枝椏下飛奔。雨滴濺在沼澤水面，形成向外擴張的小漣漪。一隻蠑螈無精打采地掛在水面之下幾英寸的地方。牠不理會雨水，只是伸著胳臂、張著指頭望向我們。驟雨停歇。小伙子都走開，繼續將更多柱子打進水面下的土裡。其中有一位指著前方對我說：「你看！」

以撒跑步穿越濕地，他的腳輕輕掠過野花。他經過躺在草地上正在反芻的羊。我向他大喊，要他在比較乾的岸上等我，然後朝他走過去。牙線率先到達那裡，小主人免不了抱牠一抱。我們這兩個人、兩條狗便沿著連接我家土地和遠處荒丘的小徑前行，為的是找回走失的綿羊。小徑有時上坡有時下坡，有時右彎有時左拐。走失的牲口真教人頭痛，但是如果牠們還沒走得太遠，最好趕緊找回來，以免牠們闖進村子家戶裡的園子造成破壞。

§

我們才登上第一座丘頂，便看到走失的母羊和羔羊沿著小徑前行。我派小丹去找牠們。狗兒像子彈一樣衝去，直到趕上牠們，並超過其腹側。羊兒轉身跑向我們。以撒打開大門，準備讓牠們走入我家那片稱為「頂脊」（Top Rigg）的田野，而牙線則負責將牠們趕進去。綿羊快步跑下田野。有隻棕色的野兔從洞穴跑出來，然後一溜煙不見了。野兔喜歡這片開闊的草原。每到春季，牠們整天在狂熱地追逐競跑，還會站立起來彼此拳打。牠們在田野裡生產，把幼崽藏進燈心草叢中。牠們靜靜坐著，睜大淡褐色的眼睛，看著我們走過。

我們登至高處，發現土地更加開闊，不過幾乎都是荒地，偶爾只有種了山楂的堤岸會打破單調的天際線。這個地方不知多少年來就是牧場，始終以相同方式管理。它不適合種植農作。在夏天裡，凡是帶有兩隻羔羊的母羊都在這裡吃草，而只帶單隻健壯羔羊的母羊則在荒丘放牧，因為後者可以只吃山區比較粗礪的植被。

一些牛聚攏在我們身後，把頭探到鄰家土地大門的上方。這些牲口是我朋友艾倫的。他是我們社區中一位富判斷力的人，和我父親同一類型。我們經常在柵欄邊交換情報，例如綿羊時價、天氣狀況或是自己觀察到的野外點滴。他似乎對於情勢的變化感到悲觀，並且指出，如今我們養羊的收益只剩他年輕時的四分之一。食物價格貶到這種地步，好的農耕傳統已然失去價值。

時至今日，我們仍因牲口的緣故才留在這裡，它創造了工作機會，讓人可以賺錢來支付各種帳單。儘管我們已享有環境基金最高的補助等級，但飼養牛羊的收益還是我們從方案中獲得之津貼的二至三倍。我們生產羔羊肉和牛肉的方式對野生植物、昆蟲、鳥類與其他動物十分有益，然而此舉並未因效率比較低下而獲得額外的補助。

在講究食品務求價廉的時代裡，我看不到改善的前景。在超市中，肉品本該是值得尊重的高價商品（即使這等於少吃肉食），但如今卻淪為可憐的低價貨色。許多英國人已不在乎可在自己周圍環境中以永續方式生產的食品，也忘了這類食品的滋味（連帶包括烹飪技巧）。多虧英國的亞洲人依然欣賞已過生育年齡老羊的滋味，而且懂得如何料理，所以這種肉品還能在市場上占有一席之地。山谷中年紀稍長的農民都清楚開齋節開始和結束的時間，會據此出售羊兒以供節慶盛宴之用。

§

我領悟到世界多麼糟糕又多麼複雜時年紀還輕，以為只要置之不理，像蠶蛹躲在繭裡那樣縮回自家農場中就沒事了。後來我頗不情願地離家去上大學，然後為了謀生，在二十幾到三十幾歲時投身廣大的世界（大部分時間都坐在電腦前，依照他人的指示辦事）。我喜歡保留一個可容退居的地方，如此才能在現實的工作中站穩腳步。農場讓我心智保持健康。

世人興起「不如歸去」的念頭時，多少帶有逃避現實的心態。如果你一生都困在辦公室的小隔間裡，上下班花在搭火車或是交通壅塞的時間很長，那麼農耕生活看起來似乎比較自在。但如今我已清楚看到，農民的現實生活絕不在逃避社會的束縛，反而更像世間的奴隸。

農場中發生的大小事情都受到其所處年代的影響，是由眾多強大的外力所形塑的。我們像木偶一樣晃盪著，被看不見的線拉來扯去。這些無形的線與你購物、飲食和投票的方式有關，而且一向如此。

但在最近的五十年中，超級市場以及其他大型企業已經取而代之，變成操弄這些線、支配我們的那雙手，最終導致大多數農民淪為無議價能力的生產者，專門供應低價的商品。在生產史無前例的廉價食品時，我們還得努力面對由此造成的生態災難。政客不願解決食品體系（在那其中，一切的權力和利潤都由幾乎不關心公民、農場或生態健康的大企業壟斷）結構性的問題，寧可提供微薄的獎勵或是「環境補貼」，以彌補該結構最惡劣的影響，使其得以延續。

§

現在我那些務農的朋友大致可以分為三類。其中三分之一已經開始改變耕作方式，尋找可賺錢的恰當生計，同時努力成為優秀的生態守護者；另有三分之一的人雖然願意改變，但其施展空間有限，主要因為志在經營有利可圖的事業，因此受到財務現實的局限，而且通常變成負債累累的承租戶；最後三分之一的人對第一類人的改變深表懷疑，或是說他們仍一心服膺戰後集約化農業的模式。他們說，夸夸其談沒有用，他們寧可專注為超市提供廉價食品這種社會所需要的東西。

英國頂尖的農業學院仍將目標放在教出「在商言商」的年輕農民，讓他們對高產量充滿熱情。這些學校志在教導學生如何站在新農業的最前沿，如何運用科技來控制自然，教他們像經濟學家那樣思考土地的問題。他們對傳統、社區或是生態限制一無所知。課堂上不教瑞秋．卡森。其他地方的學院和課程訓練出來的年輕生態學家對於耕種或是農村生活也一無所知。教育強調專業區隔，於是將年輕人分為兩個幾乎無法相互理解的獨立群體。

去年有一個農學院的學生到訪我家農場，我帶他參觀那片提供割製乾草所需原料的草地，並解釋這種草地上的野花和野草如何多樣，他竟帶著困惑和鄙夷參半的目光看著我，彷彿我是從哪個時代復活過來、滿腦妄想的傻瓜，滿腦子是妄想。他大膽告訴我，他的老師應會建議我用犁翻土以除掉「雜草」，然後撒下比較跟得上時代的草種。如果跟他說，農場擔負的可能不只是生產的任務而已，他應該會一臉茫然。

父親從不曾送我去農學院讀書，這點很值得慶幸。他是老派人物，始終認為那類地方教出來的人只知道東西可以賣多少錢，卻不知道真正價值何在。記得我二十出頭的時候曾經語帶欽羨地告訴他，朋友家的農場用的都是尖端技術，他只回答：「我們再等二十五年，看看他們如何發展下去，到時想要隨波逐流也還不遲。」他看的是禁不禁得起時間考驗，而不是近利或時髦。

農業教育依然一面倒地強調變革和創新，以及所謂「顛覆性的方法」，而不是關心永續發展或者事情到頭來是否可行。從現代化的角度來看，參觀我家草地的那個學生才是對的。在當前農業經濟學家的心目中，真正的永續性耕作幾乎不可能獲利。農業若要事事尊重自然，那就等於和錢過不去。如果你生產肉品的成本高於集約化生產的雞肉或豬肉，那麼你的東西在超市的貨架上會被視為落伍、不合潮流。

我對永續耕作的呼籲一時無法獲得太多迴響，也許只能盼望外界快些醒覺過來。當然，這還不是建立一套健全系統的基礎，但幾年前我下定決心，如果將來必須在農場工作以增加收入並妥善照管自家土地，那麼我會朝向那個目標邁進。我很明白，如果我們太高傲、太固執、不知調適，就會完蛋。我們必須學習一些新技巧，但是我不想搬抄典型的企業化農業模式（我認為那具有破壞性）而毀掉自家的農場。在這方面，我和父親一樣固執。

§

以撒和我沿著小路走下去，在堤岸上找到了綿羊逃脫的破洞。周圍的荊棘叢勾住幾撮羊毛，證據再明顯不過了。完善的柵欄、樹籬和牆壁可以將綿羊圈在主人想要牠們停留的地方，不過牠們自然有自己的打算。我把一些樹枝塞進樹籬，再從另外一側也塞進一些，直到洞裡的枝條橫七豎八交錯在一起。以撒並不確定這樣是否能讓羊兒知難而退，所以我又補進另一根樹枝並加以拉扯，最後整處補綴都被紮成結實的一團刺。

我們的母羊和羔羊共可分成不同的三群，這是為了配合農場土地的格局。羊兒定期會被換到另一塊地圈養，如此一來，原先那塊地才能再長出青草。以撒、小丹、牙線和我一起越過那幾片地。燕子從我們身旁掠過草叢的上方，以便啄食被我們腳步驚擾而飛出的昆蟲。以撒一面小跑跟上我邁開的大步，一面說道，那些鳥兒就像《星際大戰》（*Star Wars*）系列影片中的「X翼戰機」。母羊和羔羊知道我們來了會抬起頭，或者退到幾英尺外，不過大多數的羊兒已經認識我們，所以根本視若無睹。

沒有什麼比走在這片土地上的經驗更奇妙，因為我感覺到，土壤被我靴子一踩便會微微下陷，這就是土壤健康的指標。

我向以撒解釋，我們必須決定放哪種牲口到地上吃草，也要考量如何以及何時讓牠們進場：要讓牠們輪流到各片土地吃草，還是始終採用「定點放牧」（set stocking）的方式。此外，牲口可將草地啃食到什麼程度？應該留下多少植被？讓土地復原需要多少時間？可以像傳統農民一樣，等地上再長出三英寸茂盛的草？或者還要等上更長時間（至少三、四十天），等蘭花和其他野花都開花結籽了？

我們現在正努力以放牧的方式加強生物多樣性，並且培養更健康的土壤，這與我們過去的做法不同。草地接納一批牲口後需要更長的休養時間，而且牲口的種類必須更多。綿羊並不總是愛吃較老的長草，較短、較甜嫩的草更對牠們的胃口，因此，我們需要完善的柵欄和樹籬來阻止牠們率性來去，就像小徑上走失的羊兒那樣。

上述的考量於是很重要。這些選擇能決定某一片土地是否能產生健康的活壤，或者遭受侵蝕、變得密實硬化然後步向死亡？我們的土地上是否有野花、昆蟲、鳥類和樹木？如果有，那麼還有多少？樹籬是否茂密，還是內部已失去纏結的荊條？溪流是平直的還是彎曲的？這些選擇加總起來即能決定我們眼前的鄉村景觀，決定其中是否有保留給自然的空間，甚至是否有空間保留給人類。在封閉的農業世界之外，很少有人談論、分享或理解這些十分具體的選擇。

§

有隻禿鷹在我們上方的藍天中盤旋，一面呼喚牠的伴侶。以撒看牠趁著上升的熱氣流飛到遠處山坡我們那群小牛的上方。牛兒低頭吃草，我可以辨認出其中的七隻，也發現所有的牛情況都很好，因此我們不必走近。二十年前口蹄疫爆發時，父母的牛群被一位負責狙擊的警察用步槍射殺，直到五年前，我們才又開始養牛。培育新牛群是個令人欣喜的經驗，首先要購買合適的始祖母牛，然後熟悉牠們、觀察牠們的小牛出生並成長。父親如果在世應該會很高興，而且他比我更了解牛，我真想聽聽他的高見。

我們正創建一個白帶格羅威牛（Belted Galloways）的牛群，這種牛的體毛黑而捲曲、腹側帶有白色寬帶、來自蘇格蘭索爾威灣（Solway Firth）對岸。你在一英里遠的地方就能看見牠們黑白對比鮮明的軀體。牛曾經是我們山谷中多樣化農業重要的一環。過去三十年間，由於當地的農業走上專業化、簡單化的道路，養牛的傳統逐漸消失了。但我希望孩子能在牛兒的陪伴下長大，也希望他們能了解牛兒不同的攝食習性，因為這些知識對於管理新的林間牧地和河岸地必不可少。

§

我們去拜訪一位備受推崇的家畜育種專家，並繞著她養的牛走來走去。湯姆坐在我的肩膀上。她將每一頭母牛的名字和故事告訴孩子，而當牛兒好奇地聚攏在我們周圍時，她也伸手搔搔牠們的背。有隻大公牛在母牛群中徘徊，好像草原上的野牛似的，一面低吼一面踢起灰塵，並湊近母牛尾巴的根部嗅聞。湯姆的小拳頭緊緊抓住我的幾撮頭髮。但是公牛不會傷人。前一年秋天，牠曾在道格拉斯堡（Castle Douglas）舉行的拍賣中獲得冠軍。

我當場產生一種強烈的感覺，育種專家並不願意出售其中任何一隻，但她身為農戶當然必須割捨。她將兩頭初次懷孕的漂亮小母牛指給我看，要我從中挑選中意的，然後報出令人乾著急的價格。當然，除非價格談得攏，否則母牛哪裡也不會去。我們沒能買成其中任何一隻就回家了，心情難免稍稍低落，因為我們知道，創建牧群一事將比我們所設想的更耗時也更昂貴。但是，你不能隨便選一頭品質不佳的母牛來繁衍後代。因此，三週過後，我們打電話給對方，買下我們喜歡的那一頭，然後動身去帶牠回來。翌年一月，牠產下我們第一隻血統純正的牛犢，取名為「溪谷百合一號」。

§

我都忘了自己有多愛牛，愛牠們的團結心、友好態度和不停咀嚼的習性。我忘了牠們對這個地方有多重要。我家的白帶格羅威牛非常適合英格蘭北部的環境。牠們方正、矮胖、多毛，頭部短而寬，胸部和腹部渾圓，身被兩層厚毛，頭頂長滿捲髮，耐受得住寒冷和潮濕的冬天。牠們是一段悠久的選擇性育種過程和進化壓力的產物，就像釘子一樣堅硬。飼主不需要複雜的建築物或設備來供養牠們，碰上最差的天候，也只需要準備少量的乾草即可。牠們冬天會變得比較苗條，但仍保有結實的筋肉，而現代品種在天候嚴苛的時候筋肉會迅速「融化」。天候即使再差，白帶格羅威牛也有辦法找到足夠的食物餵飽自己。

我發現牛兒在地景的形成上居功甚偉，例如清除燈心草草叢，而其蹄印也有助於蘭花等植物的傳播。牠們吃草的習慣和綿羊不同，前者是東一片西一片地吃，而後者則是地毯式地吃，這意味牠們在春、夏季的關鍵階段能讓田野某幾處的草得以長高，從而使一些植物有機會開花結籽，而牠們雖然把其他地方的草啃短了，但這樣又有利於其他喜歡充足日照的植物生長。麻鷚等習慣在地面上築巢的鳥類似乎中意這種混合型的棲息地，所以經常可以發現牠們在放牧牛群的土地上定居。要是沒有牛群，那麼粗壯蠻橫的野草將排擠較小、較纖細、較稀有的植物。在整個夏天都有牛群在吃草的田野上，蟋蟀的蟈蟈聲和黑斑蝗鶯的啁啾此起彼落，還有一群群飛蛾和蝴蝶前來助興。蘭花在七月間從草叢裡冒出頭來。蜉蝣在牛的飲水池上方舞動。燕子飛來飛去，啄食停在牛糞上的成群蒼蠅。白嘴鴉在牛糞中翻找蠕蟲和甲蟲，將養分散布在田間。

我家那片永久的牧羊場混雜生長將近五十種野花和草，這些植物比較可以耐受羊兒地毯式的食草習性，而且就算被咬掉一部分仍能繼續生長。雲雀和鷚這樣的鳥喜歡被綿羊啃食到殘株十分短的草地。每年我有兩三次機會看到小鷹在獵捕牠們當作消遣。因此，不能一口咬定牛好而羊不好，反而需要營造適合每一種棲息習性的田地：我們養的牲口是導致環境好壞的因素，而且每一片供放牧的土地都比任何集約、單一作物的土地具備更豐富的生物多樣性。

以撒和我步上歸途。我膝蓋以下的部位都濕透了，而以撒則只有上半身還是乾的。我們走過草地，時不時會踢到隱藏在草叢間的鼴鼠丘。

令人驚訝的是，幾個世紀以來，農民對植物和土壤生物學的知識十分有限。土壤不過是我們種農作物的地方，是牧場地表下面的東西，本身不具什麼重大意義。我們認為土壤的存在天經地義。我們知道它有酸鹼值，但不知道它是個活生生的生態系統。如果有人認真關心土壤，那也只是想知道是否已用耙將它搗得夠細，可以做苗床用了，或是否需要灑下石灰、人造肥料等的追肥。但如果你問我父親、我祖父或我本人，土壤究竟為何物，或者其「微生物生態」如何運作，那麼你看到的會是一張茫然的臉。

§

過去兩年，以撒和我一起從那位講授「再生農業」（regenerative agriculture）的朋友處學到了土壤的相關知識。她下到我們的田裡，實地傳授一些簡單的知識。她用鐵鍬在每片田裡挖起一塊六英寸見方的土壤，然後讓我們算出每一塊中有多少隻蚯蚓。這些數據說明，某些地方的土壤會比其他地方的土壤健康得多，於是我們探討，過去的農耕方式是如何造成這些差異的。接著，這位老師將一個塑膠環壓入土裡，並往其中倒水，藉此向我們展示，健康的土壤會比貧瘠的土壤吸水更快、保水能力更強。她不怪罪我不了解光合作用，反而耐心地解釋，植物如果能有較密的葉叢，根部扎得較深，將比一直被牲口啃食得短短的要好太多。

她讓我們了解，活土壤是農場上最重要的棲息地，也是食物鏈的基礎，而且一切農事最終都離不開土壤中的生物，因為不管你在地表從事的是作物種植還是動物飼養，總是一直在利用地表下的大量生物。地球約有一半的生物住在土壤中。這是一個自成體系的世界，植物的根與藻類、細菌、線蟲、象鼻蟲、原生生物、真菌以及許多我不懂的東西之間，具有各種奇特而微妙的關係。一把健康土壤中所含的細菌（還有無數微小生物）數量可能超過地球上的人口總和。

我家農場的土壤有個長處，它的表層總是覆蓋一層密實而多樣的野花和草，這與所謂「改良」過的土地大不相同，而且這意味它不會完全暴露在可能將其加熱、沖失或吹走的陽光、雨水或風之下。有些地方的植物，其根部可以向下延伸達三英尺深，將土壤抓在一起，並為養分提供通路。

我們現在知道，保持土壤健康的祕訣在於讓家畜模仿野生草食動物的行為，包括「換區吃草」（mobbed grazing）時踩踏草地並到處留下屎尿和唾液的習性。那看上去一片狼藉，卻是土壤天堂。糞金龜、蚯蚓和無數生物開始將葉子和草食性動物的糞便（滿滿都是被濃縮以及部分被消化的植物物質）帶入地下。隨之而來的是一場可觀的盛宴，一場基於土壤的狂熱攝食，此外還有樹木和樹籬的落葉與朽木前來助陣。這些東西共同在土壤形成的過程中發揮關鍵的作用，而隨著時間的流逝，新的土壤產生並且將碳留在地下。這時，我們的土壤被安全地固定好了，沒有被侵蝕的危險，且其地下生態系統可以興旺運作，不受肥料以及犁具干擾。鳥兒的反應告訴我，這辦法是行得通的，因為牠們始終在我的兩片田地（四年前特地保留下來做實驗觀察用的）上覓食。土壤實在是我們生態系統中的基礎。

可惜我們不能全靠上述的辦法養活自己。犁耕以及因它而出現的一年生作物（玉米、小麥、大麥、大豆、高粱、木薯、馬鈴薯和稻米）提供口糧給大多數人。但是過去三十年中，我們終於了解，犁耕在生態上造成災難性的影響：它破壞了土壤的微生物體系、升高或降低土壤的溫度（犁耕消滅了地表的植被並使土壤直接暴露於各種天氣狀況下）、殺死土壤中的細菌和微生物、導致大規模和不可逆的風沙和雨水侵蝕。許多農民很難接受這個令人震驚的消息。雪上加霜的是，人造肥料和殺蟲劑又摧毀了土壤中的多數生命，這使農民（以及全體人類）面臨了嚴重的問題。雖說我們的文明建立在犁耕（以及戰後年代的化學產品）上，但犁耕引發的後果不容小覷。因此，我們必須找出兼顧高生產率以及尊重自然、與自然和諧共處的方法，而這意味著改變耕作方式，並重新評估我們所依賴的工具。

我們不使用犁具就可以種出一年生的作物，辦法是在地面鑽孔，然後將種子埋入其中，這樣對土壤的干擾最小〔稱為「免耕種植」（no-till farming）〕。但這帶來了新的挑戰，因為如果你不使用犁具將上一期已收割的農作殘梗埋入土中，那該如何為下一期農作鋪好路呢？如果不使用化學噴霧劑，那麼該如何杜絕再生苗和雜草呢？未來我們也許會培育出多年生的穀類作物，這樣就可以省去犁耕（聰明的人已開始動起腦筋，但夢想實現之日恐非近期）。還有，如果不使用人工肥料，還能拿什麼為你的田地施肥呢？

在許多地方，解決這些難題的方法就是恢復混合輪作和畜牧的古法。如果不使用人工肥料，那麼牲畜排遺以及苜蓿和豆類等覆土作物都可用來滋養土壤、療癒土壤。糧食收成後可放牛群和羊群下田飽食殘梗同時加以踐踏，直到形成一層覆蓋，並防止再生苗的出現。實行輪種法時，當某一塊田地輪到休耕種草的期間，牛羊也可以來這裡就食。事實證明，農田的舊規矩在大多數的情況下仍然適用，我們只需要終止犁耕或將其規模降至最低即可。

然而說來諷刺，能讓因種植作物而導致地力枯竭的土壤起死回生、變得既健康又肥沃的最佳「技術」竟是牛羊。這就是為什麼高地歷來都是低地的牲畜保育地區：為了實現以植物為基礎的農耕活動，我們需要大量牛羊，因此在價值最低的邊緣地區飼養許多牛羊是十分合理的。

§

回到家裡，海倫數落了我們一頓：渾身濕答答的就大剌剌走進來，弄得四下一團糟。湯姆在進門前把撿來的一些冷杉毬果都扔掉了，但此舉也無濟於事。以撒脫得只剩內褲，然後衝到樓上穿乾淨的衣服。海倫喊道：「髒衣服自己拿去洗衣間！」我脫掉襪子，坐在最舊的那張椅子上。廚房傳出的香味太誘人了。海倫做好了雞肉韭菜派和馬鈴薯。

我把早上修補柵欄以及其他工作說給她聽，她為迎合我只假裝聽著，但一心忙於自己手邊的工作：工作台上幾封郵件，還有散開來的發票。她的筆記型電腦是開機狀態。她花了整個上午的時間整理我們的施藥紀錄，因為下週有關單位要來進行正式的查驗。

她做的工作數也數不盡，正因如此，我們的家和農場才能正常運作。有時因為我把四個孩子留在家裡讓她照顧，這又憑添了千百件操心的事，她看起來好像恨不得跳上來掐住我的脖子或是對我大吼。

但在其他時刻，每當她看到孩子在田野或溪畔玩耍，或者在羊欄或穀倉裡協助大人時，她的臉上就會泛起笑意，似乎她也喜歡這種生活。她的鬥志旺盛，每天都為家人而戰。由於海倫醒著的時候都在打點農場和照顧家庭，我才得以只專注於自己該做的事。她讓一切事在幕後順利地進行。當我快撐不住時，她始終是那個最堅強的。

§

我不確定自己是否擅長務農。這是壓力很大的事，我無法完成所有的工作，更不用說把工作做完美。我一直忙於支付各式各樣的帳單。我常常做錯事。農場幾乎不賺錢，而且無論賺進多少，都會被它吞掉。我害怕破產，害怕一切摔個粉碎。我現在知道為什麼父親有時一副垂頭喪氣的樣子。我那張待完成的工作清單一個月比一個月長。如果真要確實修補柵欄和圍牆、設置樹籬、治療每隻生病的羊，並完成提升羊群整體品質的工作，那恐怕要兩輩子的時間才夠。

我可以花很多錢來種樹並讓更多土地回歸荒野狀態，但偏偏就是缺錢。我也想要培育一個血統純正的牛群，以及品質可以傲視同行的羊群，可是那該投入的資金還會更多。一座農場實際上會吸乾你擁有的一切，甚至將你吞噬，之後還會繼續索求。這也是一個讓你學習謙卑的機會：你無法一個人單打獨鬥。

我明白一件最重要的事：英雄式的「農民」形象，與男性氣概的迷思多少有關。農場工作要許多人齊心戮力才能做好，而且其中不少還是由女性完成的。我的妻子、母親和祖母都支持這座農場，並以它為中心規劃自己的生活，只是，依戀農場的人免不了吃苦頭。但光靠自家成員的付出遠遠不夠。很多人知道如何以傳統的技術維持這種景觀，例如他們會用傳統工具來管理樹籬、矮林地或是種植健康的樹木，我們都要仰賴這些人。我們向熟知牛羊的優秀畜牧業者尋求建議，比方何時以及如何移徙牠們、如何培育出適應當地條件的強健牲口。今天，我們比以往任何時候都更需要這些熟練且深思熟慮的務農人士。

我也體認到，在重建鄉村景觀的過程中，還需要一個小小的專家團隊來協助我們好好發揮自己的功用。一般農民對於農場生態系統的了解並不足夠。坦白說，我本人一開始也因所知有限而害怕。我擔心自己可能無法滿足別人對於農民的想像（農民應該堅強、睿智）。但是，分享和接受幫助的次數越多，我家的農場就越能成為一個社區平台。

現在，已有幾位生態學家對我們的農務產生了影響，其中有些人是政府機構派來的，有些是願意幫忙的朋友，還有些是付費請來協助我們了解自己究竟具備什麼條件以及這些條件的重要性。知識的不斷滙集正在改變我們對土地和山谷的理解。我家土地上新舊知識的融合，已使農事成為迄今為止最激奮人心、最有意義的事情。我們正在學習的所有新事物已使生活變得更加豐富。而且，我們分享農場經驗的次數越多，就感覺自己越重要。我們不再遺世獨立。

一九八〇和一九九〇年代，我家田地常是孤立而安靜的，和如今熱鬧的情況不同。當年這裡的土層受到侵蝕，工作機會和人員不斷流失。如今，山谷逐漸成為一個復振重生的地方，因為這裡又有人在忙著工作，而且是專業的工作。一直有外人來我家田地工作、學習或者幫助我們。復振農村並非破壞舊社區或傳統的生活方式，至少其宗旨不該如此。它的目的在建立新舊並容的強大農村新社區。

某天，有個學校來我們的農場上戶外教學課，讓學生學習有關農業、食品與自然的知識。學童專注看著羔羊誕生，體驗羊毛觸感，了解食品從原料變成熟食的過程，這種場面真教人開心。他們觀察培養皿中石蠶蛾的幼蟲，又在朽爛的木頭上尋覓木蝨。學童在我們土地上較荒僻角落的下層植物中翻找青蛙和蟾蜍。他們在草地上奔跑來去，忙著計算野花的種類。他們也幫助我們在河岸種植樹籬或是插下柳條。課間休息之際，他們陶醉在田野的悠閒之中，四處隨興喊叫，使我們的土地充滿熱烈的幸福和自由。

還有一天，某個來自遙遠小鎮的班級也來我家農場，而且據說該班有個小男孩曾在家裡遭人虐待。他幾乎沒辦法說話，膚色像混凝土一樣灰白，每次大人一靠近，他就畏縮。午餐時間，他的老師和我帶他到穀倉旁草叢中那個高度及腰的活動小雞舍裡撿雞蛋。我們語帶溫柔地提起母雞在院子裡亂竄的情景，以及牠們如何回到棲位上產卵的事。他把手伸進去，然後拿出溫暖的蛋，臉上閃耀的唯有最單純的喜悅。當天稍後，他的雙頰似乎恢復了人色，且敢開口說話，也找回了些許自信。他喜歡看牧羊犬領導羊群的場面。道別之際，他向我們微笑，看起來是發自心底。根據老師的說法，他度過了十分美好的一天，長久以來最美好的一天。而他離去之後，我流下了挫折和悲傷的淚水。

§

午飯過後，女兒陪我外出，因為我需要她們到小路上將家裡幾群羊當中的一群趕入圍欄。有些羔羊的背部不乾淨，需要除蟲。羊群穿過村莊較高處的「分配地」（allotment），這是很早以前從一片公用地圈出來的粗放草場。莫莉待在小路盡頭，坐在長滿青草的岸上曬太陽，而我和蓓雅則朝路上的羊群走去。我們把羊群趕出田野時，蓓雅會幫我擋下路上的來車。我們沿著小路將羊群趕下去（五隻牧羊犬則緊隨其後），然後穿過柳樹林回家。女兒手中揮動著已摘除葉子的樹枝。

我問：「這是哪種樹枝？」

她們回答：「還不簡單，花楸樹的。」

「這片田誰種的？」

「彼得・萊特富特（Peter Lightfoot）。」

「你們覺得那頭賀德威克（Herdwick）公羊怎麼樣？」

「還可以，爸爸。但我知道你會覺得牠毛色過白。」她們對自己在家畜方面的知識感到驕傲，打從小小年紀，她們就已經有展示和出售綿羊的經驗。

§

我試著把自己過去所學到的東西教給孩子，比方如何在幾秒鐘內評估一頭羊的素質，或是辨認出那是誰家的羊。他們了解自家羊群以及附近地區其他羊群的種類和特徵，並且擁有自己的羊。兩年前的冬天，莫莉年紀最大的那頭母羊死了。由於她在產羔期間充當我的助手，所以有一次趁著有百來隻羊聚集在穀倉中的機會，我讓她挑一隻年輕的母羊當作補償。對大多數人而言，羊兒看起來應該都是一個樣。幾分鐘後，她選出了最好的那一隻，並在離開的路上對我報以青少年特有的酷酷的微笑。她知道哪一隻是最好的，也是我最不想割捨的那隻，不過損失也沒那麼嚴重，因為我見識到她的慧眼獨具，這點令我倍感自豪。沒有幾個牧羊人能挑得比她好。

湯姆出生時，我在拍賣會上花了五百英鎊從鄰居兼競爭對手珍・威爾遜（Jean Wilson）那裡買來一隻母羊，開始為湯姆創建一個羊群。她給湯姆寫了一張卡片，表示希望將來他長大後會在展覽會上用這頭母羊繁衍出來的羔羊來擊敗我。珍還退還二十英鎊，算是祝福他健康的「小紅包」。毫無疑問，未來他將與足以和大多數牧羊人一較長短的姊妹們一樣，在展覽會上帶著自己的羊兒亮相。

§

我也希望孩子知道，能生活在這個被大自然環抱的古老農業谷地有多幸運。他們和我年輕時不一樣，因為他們享有超越傳統視野的廣闊天地，能以較大的格局思考自家農場。他們將體認到，沒有哪座農場可以與世隔絕，它反而應是更寬泛的生態系統的一部分，一座山谷、一片河流集水區、一個相互連結的世界的一部分。

我要他們注意被綿羊蹄驚擾而飛起、俗稱「煙囪清潔工」的黑色小蛾，還有身上有小斑點、俗稱「捲毛」的昆蟲，以及在田地邊緣飛舞的眼蝶（較大隻的體色為棕，其他的體色為紅）。我指給他們看那些每隔幾英寸便從草皮冒出頭的薰衣草藍色夏枯草花、直立委陵菜的樸素小黃花，和橡樹樹幹潮濕背陽面上的苔蘚。

我們穿過敞開的大門後穿越牧場，我隨手拾起一些脆如馬糞紙的牛糞，女兒們不解地望著我。牛糞被我捏碎，只見裡面一片盎然生機：肥大的灰蠕蟲、黑色的小糞金龜、土耳其藍的小甲蟲，以及在陽光下熠熠生輝的昆蟲殼。

§

母羊彈動耳朵，低下頭，以躲避聚集在上方的蒼蠅。羊群係由最年長的母羊帶領，羔羊在其身後小跑跟著。狗兒舌頭吊在嘴巴外面，在羊群的這一側與另一側之間來回穿梭，催促牠們前進。我向孩子解釋自己在做的事，為什麼我那麼關心甲蟲、泥炭沼澤、真菌、蠕蟲和牲畜糞便。我也向他們說明，農場的未來在於盡我們最大能力復原這座山谷（數千年前此處曾經一片荒蕪）的初始棲息地及其自然進程。

莫莉問道：「那麼這裡最早是什麼樣子？」

實話實說，我一直都不太清楚當年風貌如何。祖父對待土地的態度彷彿這座山谷亙古不變，而且未來還將永遠那樣。但是，今天的生態學家告訴我，這裡一度樹木繁茂，有我從不曾在其中見識過的物種，例如長腳秧雞、歐洲鼬、松貂、山貓、野豬、野牛、河狸、熊和狼，以及如今已滅絕的物種，例如毛茸茸的猛瑪象、犀牛、沼澤麋鹿和穴獅。不過，生態學家也無法完全確定這一切是如何發生的，因為沒有文字描述、照片或是影片可以幫助我們想像過去那段歷史。

有人認為這片土地罩著由老樹構成的封閉林冠，是諸如《血紅帽》（*Red Riding Hood*）等歐洲童話故事背景的闃暗幽深森林，然而越來越多的證據顯示，這種說法並不正確，或者至少是以偏蓋全的。事實上，人類一直都在其中活動，並且形塑了它，時間長達幾萬年，甚至幾十萬年。在最後一個冰河時代來臨前，人類以狩獵採集者的身分來到這地方，然後在土地尚未被森林覆蓋之前，穿越這般景觀，追逐一群群的馴鹿和其他草食動物，就像今天仍然生活在遙遠北方的人一樣。

「當年森林覆蓋一切」的想法很可能是現代人的心理投射，因為今天如果我們任憑林地生長，便會發生這樣的事，然而史前的荒野可能不是這番局面：大群食草動物被大型食肉動物追逐而必須四處移動。野生生態充滿生態學家所說的「動力」（dynamism）和「干擾」（disturbance）。大小食草動物啃食、破壞樹木，造成空地以及草原。我們大多認為，棲息地是靜態的、一成不變的，但在自然界中，所有棲息地都因啃食、暴風雨、疾病、破壞，踐踏、腐朽、崩毀和消亡而不斷變化。所有的過程都不可或缺，因為它們會創造獨特的「棲位」（niche）。一個健康的生態系統會處於恆動的狀態。真正的荒野從來就不曾像優雅的英國林地，而是一片亂紛紛，由森林、灌木叢以及長草的空地等主要棲息地構成，在這三種類型彼此的消長中不斷變化。

莫莉回答，這聽起來有點像我們最近看過的有關塞倫蓋蒂（Serengeti）[19]的紀錄片。我想她說對了。

我們這地方的傳統農法（例如本地品種以及鄉人的手藝）都可以進一步發展，以便盡量提供不斷變化的多樣棲息地。草場和牧場類似於過去的林間空地，允許不同強度和類型的放牧，而茂密的樹籬（就像我們現在帶著羊群經過的那一些）裡到處都是鳥兒，牠們自認為棲息在滿是多刺荊棘的野林邊緣。一旦增加這些重要的棲息地和過程，例如比較原始的河流和池塘、柳樹叢和棘木叢，我們一度失去的物種將漸漸返回。

說來諷刺，歐洲最適合野生動植物落腳的農業環境都位於較不發達或是較落後的地方，例如羅馬尼亞和匈牙利。

19 編註：位於非洲坦尚尼亞西北部至肯亞西南部的地區，其半年一次的大型動物遷徙是世界十大自然旅遊奇景之一。

§

走在我們前面的羊群已經抵達溪畔。牠們一時不知如何是好，直到有一隻跳入溪道最窄的地方後，其餘的才尾隨前行。不久，我們轉入大門，走下關綿羊的圍欄。女兒們緊緊抓住最髒的那幾隻，讓我用一把剪刀將其背部的汙毛剪除。有隻羔羊身上有塊濕濕的地方，寄生了幾隻蛆。我們將蛆彈掉，然後塗上治蛆油（Battles Maggot Oil）。羔羊渾身抖了幾下，似乎輕鬆多了。半小時後，我們忙完了，於是把羊群從圍欄中趕出，讓牠們行經上方的牧場，走進一片鮮綠的田野。

羊群前方突然飛出一隻紅尾鴝，然後又一隻，接著再來一隻，羊群旁邊總共有五隻紅色小尾巴從這棵荊棘竄向另一棵荊棘。每次拍打翅膀，牠們的尾巴都會閃動一下，看上去彷彿才剛切下來的小小桃花心木楔子。羊蹄踐踏薄荷草，空氣中瀰漫著清新的氣息。最後羊兒湧入那片鮮綠田野，或低頭吃草或舉頭呼喚幼崽。

我要女兒先行返家，她們爭先恐後，沿著覆蓋白色、粉紅色和黃色花朵的陡峭河岸向前奔跑。我在她們背後高喊「謝謝你們」，但她們聽不到我的聲音。我還得繞到母牛和小牛那裡，看看一切是否安好。

眼前的草地和黎明時看起來完全不同。這幾片田野從不會以相同的面貌示人。我開始學習如何正確看懂自家的草地，同時為此感到自豪。這是一份新的驕傲感觸，因為我對牛羊的了解更加透徹了。我向來只看到草地視覺上的美，只看到其搖曳生姿的色彩，但從不了解其野生生物的多樣性。祖父教給我的知識只限於草，從未提及過野花。祖母和母親雖然會談起自家草地上最漂亮的花兒，但經常無法確定其名稱，只是答應會查閱躺在電話桌抽屜裡的那本《英國野花觀察手冊》（*The Observer's Book of British Wild Flowers*，暫譯）。

§

父親去世後幾個月，我逐漸意識到自己對山谷的性質其實一無所知，於是便付費請一位植物學家來調查那裡的植物。他走進我們最好的草場才幾秒鐘，我便看出他懂得如何以我無法理解的方式觀察它。他的手裡攥著幾種剛採摘下來的野花，然後向我說明起來，也很高興我對這些知識感到興趣。

經過一兩個小時的探究，我終於知道自家草地的現況實際上比我們想像中的要好得多，生物的多樣性也很明顯。我家田野並未受到破壞，而且有幾種罕見的植物是這位專家以前也很少看過或者沒有期待會在這裡看到，必須查書才能確定。第一天結束時，他雖曬傷，但熱情並未稍減。光是第一片草地，他就記錄了九十多個品種。相較之下，現代一些集約化耕種的草地只能發現四至五種，有時甚至少到只有一種。

他指出我以前從未在田間發現過的植物，並向我講述相關的故事，比方極地小米草和美洲石胡荽。他說出一些植物的名字，而這些植物我雖經常看到但對其依然一無所知，例如老鸛草、沼委陵菜、治鬱薊草、布穀鳥剪秋羅、圓葉風鈴草、薹草、沼澤狗舌草。他在農場發現了近兩百種植物，其中許多都登錄在瀕臨滅絕的「紅色名單」中。他還發現，我們的草地缺了六個重要的物種，因此我們將六千五百個微小的植物苗種進土裡，每個步驟都是手工完成。

植物學家還教給我另外一件重要的事，那就是「自然」不僅存在於田地邊緣以及四周蓬亂的植被中，它還存在於田間，存在於土壤中及草地上。珍稀植物令人稱奇，但我們也需要許多普通植物。一片長了二十多種花草的田地，其生態的初始程度可能比不上河狸造出來的草地或野牛啃食後形成的林間空地，但這並不代表它就一無是處。若和不開花的青貯飼料田相比，它會更加豐富而且對自然友善得多。有些十分常見的植物，例如紅花苜蓿、白花苜蓿、雛菊或是毛茛，可為蜜蜂等昆蟲提供很多食物。

有人認為土地必須徹底回歸荒野，有人認為土地利用必須講求最大效益，就算土中生物蕩然無存也在所不惜。這兩種想法都不明智，令人看不清楚真相，是錯誤且站不住腳的大而化之。我們絕望之餘，會把世界觀簡化為非黑即白的二分法，這時「耕作」就是惡，而「自然」即是善，忽略了其他的重要區分和細微差別。我們認為，一個農民如果不是聖人就是惡棍。我們看不見農業實際的複雜面向性，善與惡的兩個極端間存在寬闊的漸層，存在對自然友好的各種農業類型。有些小規模的農業類型如果放大規模，有可能帶來革命性的改變。無論採用哪種耕作模式，其中都有許多方法可使自然重返生機。過去五十年來，「邊際農業」（marginal farming）因講究效益而逐漸將自然趕出我們的田地，但這一過程是可以逆轉的。

§

我們不會因耕作而贏得任何獎項，也不會賺大錢。即使在提供食物上小有貢獻，但也不至於能「養活全世界」（最不講求永續耕作的制度所引以為傲的一點）。

對於某些採用集約化和企業化模式的農民而言，我們的做法似乎只是懷舊的白日夢。他們做出不同的選擇，以更便宜的價格養活更多人。農場不能（也不應該）完全像我家的農場一樣，不過沒有關係。一個強大而有彈性的糧食體系，需要許多不同種類的農民。

農業與其他領域一樣，也講究多樣性的優勢。無論農場的型態為何，只要稍加調整，擺脫破壞性的耕作方式，農場便可以在保護自然的工作上大放異彩。

§

現在是傍晚時分，荒丘南側的陰影漸漸拉長。小牛情況良好並已餵飽了奶，毛皮也被其體貼入微的母親舔成一捲一捲的。我走過自家的土地，目睹現狀如此改變實在高興。

我有一個簡單原則：無論站在自家農場的哪個地方，它距離其他寶貴的棲息地都不應該超過三百碼。我理想中的好農場應該鳥鳴之聲盈耳，充滿昆蟲、動物以及漂亮的樹木與其他植物，應絕大部分依靠陽光運作，不要仰賴化石燃料。我們正逐步減少化學藥品的使用，而且盡量不購買現成的飼料。我們幾乎不使用農藥，並希望很快可以完全杜絕。至於電力則已經達到自給自足的地步，用太陽能電池板取代外來電源，預計下一階段還要裝設微型的水力或風力渦輪機。最近，我們接受了碳審計的檢測，發現自家所捕集和封存的碳比使用或釋放的碳要多得多，不過我認為還可以捕集和封存更多。

這些舉措與養殖一大群牛羊可以並行不悖。我們花大錢購買的化肥、藥物、殺蟲劑、飼料、曳引機和各種器械，到頭來都成為損害農場的東西。事實證明，我們生產食物的過程正朝盡量少用人工干涉的方向邁進。可嘆的是，這代表很難從農場本身賺到什麼錢。這種針對自家農場的新思維不會取代我最初的夢想或是身分認同，它只是提升了興趣與關注的層次。

實際上，我們多少恢復了比較舊式的農業生活，即由血汗和辛勤勞動構成的生活。農作再度變成季節性的體能活動，你得親臨現場、親眼看顧事事物物，兩手必然弄得髒兮兮的。這種日子可不輕鬆。農民過去必須全力投入工作，必須永遠保持警惕。這是一個不好做的古老行業，不適用任何「將工作量最小化、將生產率最大化」的經濟原則。農民不應該計較如何在土地上花費最少的時間。我們應該經常守候土地，更深入地理解和利用其節奏與過程，並盡量以事必躬親的態度來照顧它。

新的農業生活意味著我們能掌握的控制力變少了。我們再次與大自然糾纏不休，而且通常是落敗的一方。

去年冬天，我嘗試把用於動物身上的藥物和抗生素減至最少，但是後來春季颳起一場強烈的暴風雪，我的羊兒突然生病，難以抵禦狂吹的風和刺骨的冷。我先前不知道牠們的肝臟寄生了肝吸蟲（這種蟲在生命週期中先是寄生在淡水蝸牛體內，然後綿羊吃了草地上的蝸牛，寄生蟲便進入牠們的體內，破壞其腸道和肝臟）。飼主是看不見這整個過程的，但是到漫長的冬天必須承受巨大壓力時（牠們變得又瘦又累），綿羊只能苟延殘喘，接著肺炎趁勢侵襲，有幾隻病重後撐不過就死了。我也清楚，如果當時能用某種強效的藥物來殺死肝吸蟲，也許可以避免這種損失。

有時若你不走這些正統程序，感覺上會有點天真，況且還要付出沉重代價。你家孩子生病時，你一定會餵他吃最好的藥，而我對自家牲畜的態度亦復如此。不過，我們也會嘗試保留那些只適合此處風土條件的在地品種，並以育種的方式選出盡量不依靠化學製品和藥物就能健康存活的個體。

§

父親去世前的幾個月裡，他反覆灌輸我，不必非得對抗全世界。在生命最後的十五年中，他修來了一份也許不是他向來都有的智慧（或者是我眼拙，沒能及早看出）。他了解到，有時暫且退後一步，稍微喘一口氣，也是可以的。如果做些不同的事更有價值或是更有意義，不妨就放手試試。

承認自己不知道的，或者承認自己以前可能做錯什麼，這種實用主義也許是父親遺留下來最有價值的財富。他和我的祖父並未從事我目前嘗試的事，因為在他們那年代，別人並未這樣期許他們。我尊重他們的智慧和工作，但我也不必像看待宗教那樣，畢恭畢敬地複製他們的一舉一動。他們對於自己生活和工作的年代做出回應，我也必須如此。

§

我花了很長時間才接受露西關於河流保護的全部計畫。她的核心想法如下：把穿過我家品質最佳那片草地的溪流導向幾百碼以外一條比較天然的渠道，以便闢出新池塘和新濕地。在我看來，此舉將會占去太多土地並且破壞我家草地，同時令過去的努力成為白工。

最初我不答應，所以我們就另外想出一些沒那麼雄心勃勃的替代方案。但是多年之後，我對較為天然的河流有了更深一層的認識，並同意可以妥善解決問題的看法，因此改變了主意。我問海倫和孩子們的意見，他們認為應該這樣做，因為這個選擇是對的。

今年夏天，挖土機進駐了。當地一家建築公司派來三名配備了挖土機、翻斗車和各種器械的工人。他們對於使用機器「將草地挖得亂七八糟」的點子大惑不解，並認為這種計畫只有念過大學的書呆子才想得出來。不過他們很快便融入其中，挖好低地和池塘，還有一條蜿蜒曲折的河道（利用衛星建模的方法確定洪水曾流經的路線）。接著他們回填截彎取直的舊河道。這些工作都完成後，他們開始自信滿滿地布置起比我們原先的計畫更有規模的水潭和窪地。最後，此地帶將全部用柵欄圍起來，只偶爾開放給牛隻進來吃草，而其餘草地則專門充當羔羊牧場。如此一來，新生的羔羊將不會因誤闖溪流而溺斃。

我們也計劃在河岸上種植柳樹、榿木和榛樹。海倫都說我喜歡「為河狸備糧」，還說不用再過多久，這些樹苗可能就會被那些回歸的毛茸茸河工嚼個稀巴爛。就讓時間證明一切。我一度以為重新引回河狸是沒腦筋的舉動，但如今我已不做如是觀。我學到的知識越多，就越認為河狸總有一天要接手我家山谷中最潮濕的地帶，而不必靠我用斧頭和鏟子加以管理。我的牛羊可以在野溪的岸邊吃草。我接受父親當年的建議，調整自己以適應一切變化，並樂於接受新的機會。

我們吃完晚餐走到戶外，聽見母羊和羔羊在山谷間相互呼喚的聲音。我帶湯姆和以撒去訓練家裡最年輕的牧羊犬貝絲（Bess）和奈珥（Nell）。我打開穀倉裡廄房的門時，狗兒都興奮地跳起來，直用鼻頭擦觸我們。以撒不得不對牠們吼叫並且揮手驅趕，直到牠們聽話為止。狗兒跳上四輪摩托車，坐在前面的湯姆只能彎腰向前，雙膝緊緊夾著摩托車的油箱。我們駛下小徑時，狗兒便急匆匆跳下車，向前跑去，在長滿薊草的河堤上彼此擦碰，時而失足翻滾。

§

以撒是所有做父親的人都求之不得的那種最善良、最聰明也最忠實的小孩。他是個書蟲，一路上他一直把自己讀過的北歐神話故事說給我聽。他對農事存有一份憧憬，這點令我同時感到驕傲、希望和憂懼。

我當然喜歡自己一個或多個孩子有朝一日能留在這個我生活過的地方，所以才會感到驕傲和希望。我企盼這座古老農場能存續下去，企盼孩子當中的一個或幾個也能和我一樣，對這座山谷興起相同熱情，並且同樣享受它賜給我的那份目標感。然而，我不希望他們覺得自己被困在父親的夢想中。我也為他們擔憂，畢竟務農有時是極艱難的生活方式，況且我家的財務狀況常是捉襟見肘的。

我們在草地低處用一批老母羊來訓練幼犬：先派狗兒到草地邊緣將那批羊趕回草地中央由樹枝圍成的羊欄內。貝絲強壯、敏銳，而且喜愛工作。母羊明白不可能和貝絲作對，所以不經太多抵抗便乖乖就範了。貝絲一臉挫敗地看著我，原來應付的對象竟然只是如此嬌弱的一群綿羊。牠的姊妹奈珥比較膽小，我能讓牠放心執行的任務只有那麼多了。但是過了一會兒，奈珥也開始順利調動羊群，甚至表現出一定的流暢風格。我對於讓兩隻狗並肩工作的安排有點後悔，因為貝絲有點蠻橫，這似乎影響了奈珥的自信。一旦決定訓練奈珥成為牧羊犬，就不得不多稱讚牠，並留給牠更多時間。

我避免匆忙來去，避免做些徒勞無功的事，我只想讓農場四平八穩地運作，這樣我們就可以放慢腳步、自在呼吸，投入更多的時間進行諸如訓練牧羊犬之類的工作，並享受待在這個我們稱之為「家」之處的神奇感覺。

§

我們去看自家養的幾隻羊，都是一歲左右的公羊，到時會當種羊出售的。牠們整個夏天都待在巴利（Barrie）家的土地上（以撒堅持認為，巴利先生和聖誕老公公長得很像）。巴利家的土地具有讓生活其上之羊兒的毛皮變成深板岩藍的特性（也許是因為土壤含有泥炭酸的緣故），這有助於我們在秋天出售的賀德威克公羊呈現最理想的毛色。

牠們的頭和腿褪去了羔羊階段的黑色，已經「變乾淨了」，變明亮了，如今牠們的這些部位在我看來就像耀眼的白雪。牠們的鼻子變皺了，同時膨大起來，睪丸酮開始分泌，已達到性成熟的階段。牠們的腿部變得結實，骨頭變得粗壯，而且頭頸後面長出厚厚的銀鬃毛。近幾週來，牠們耳朵旁那蒼白的角也開始捲曲，十分靠近眼睛。公羊之間自然形成一個強弱位階，其中最強壯的會趾高氣揚地四下走動。

我深愛自家的羊群。牠們一直讓我感到驕傲和喜悅，未來也將如此。我教以撒評判綿羊的小技巧，告訴他如何從一大群好綿羊中認出最優秀的那一頭。目前他的知識還只是基礎，但我認為將來會進步的。去年秋天，我無法參加牧羊人的聚會，把我家的綿羊帶去給大家看。其他的工作占去我全部的時間，我沒能抽空將綿羊準備好，所以由以撒和我母親代替我去。我很喜愛這場要花一整天參與的活動，所以無法參加令我感到失落。

那天晚上，以撒自豪地展示自己在「年輕牧羊人」競賽中獲得的銀盤，那獎項只頒發給剛出道的人。參賽者必須向裁判評論一頭綿羊的價值，而以撒在這方面表現得最突出。但我問他：「可是你又沒帶羊去？」他說：「噢，沒關係。珍．威爾遜把她的小羔羊借給我。那隻羊很有自信、穩穩站在那裡，我一看就知道會贏。」珍很喜歡這樣，她傳簡訊向我表示，誰帶「她的」羊參賽，銀盤就是誰的。

§

成長的過程中，我學會思考「好農人」應該具備的條件。最好的農人擁有最好的牛、羊或豬，他們都是出色的飼育專家。田地種滿令人稱奇的作物，而且必須辛勤工作。我的這個世界觀從未改變，也永遠不會改變。但是，如今回顧父親和祖父的農耕生活時，我清楚看到了，「好農人」的標準會隨著世代的遞嬗而改變。

我從小就明白，農場是一件不動產，是某某人的私有財產，是某某家庭的全部財富，或者是這個家庭繼承來的義務和債務爛攤。農場尤其是個工作場所，而工作能定義人生、賦予我們一種目標感。農場同時是從事商業活動的企業，以生產食物的方式支付各種開銷並養活其他人。養活世人是一項崇高的付出，然而，儘管它很重要，如今卻經常被視為理所當然。人類社會充滿各種風險，農耕過程就算略有失誤，世人也會開始挨餓，首當其衝的是窮人。若是失誤過於嚴重，那麼餓死的人將會以百萬計。

農場也是個家，是某些家庭的命脈所繫，是其根深柢固之處。即使賺不了錢，農場依然是家庭的核心，這就是為什麼農民在早該退出經營之後仍會堅持很長一段時間，因為這個地方堆疊著他們的歷史、故事和回憶，彷彿一片聖土。同時，農場是更廣泛的文化、社會和經濟體系的一部分，亦是從事相同工作（飼育相同品種、種植相同作物、採用相同農法）的家族和社區所建構之脈絡的一部分。

曾有老農夫告訴我，二〇〇一年口蹄疫流行導致他的牛羊死去，那時他有長達十八個月的時間覺得生活一片空白。不僅因為他的認同感和家畜密不可分，也因為他所有的友誼和人際關係都與這些工作息息相關，而家畜展售會和其他聚會也會帶來成就感。因此當他的牛羊死去時，他與社區的聯繫就斷掉了。

一座農場總代表一個農戶的夢想，也就是獨立和自由的生活、在一個地方留下自己的印記，而不是以異鄉人的身分被大批驅趕到都市。這些道理如今依然正確，不過我也明白，農場的所在地曾是一片荒野，是因人類的目的而被開闢的，而其生態系統經常是被破壞、被貧化。田地是人類這物種與自然世界相遇的地方，而且我們的政策、飲食習慣和購物選擇也在在形塑了土地與其周圍較荒僻的環境，甚至影響氣候。但是我們經常對土地造成很大的傷害。

我了解到，即使以傳統的方式耕作，多少總要犧牲大自然，也就是說，假設沒有人類，一些崩壞應該不至於發生。話雖如此，我也認清了一件事：好的農民不僅生產商品，他們藉由良性的低效率或是出色的管理辦法，讓其農場以及周邊環境便可讓許多野生生物繁衍。農場也可以將原本會從土地流失，並且淹沒村莊、城鎮和都市的水留住，並儲存會改變全球氣候的碳。一座好農場的公共價值超越了農民從其產品中所獲取的菲薄報酬。一位牧羊人朋友告訴我，每年有超過一百萬人次走過他家農場，前往他放牧的山間或是從那裡返回。他們來自世界各地，就為欣賞美麗的、崎嶇的、半荒野的山坡地和小溪，或者見識工藝精湛的乾砌石牆、古老石屋與穀倉等景觀。

我體認到，即使最優秀的農民也不能單獨決定自己農場的命運。他們必須依靠其他人的購物習慣以及選票來支持和保護對自然友善的永續性農業。需要政府在編列預算和擬定貿易政策時能看清楚一點：健全農耕是一種「公共財」（Public good）[20]，需要加以鼓勵和保護。

在英國的政治和文化中，農業遭邊緣化是齣悲劇，因為這全都反映我們想要的生活方式，也是反映美國千瘡百孔的中西部地區的二流版本，或者是反映我們自己的價值觀、歷史、志向以及自然。我們向來習慣隨波逐流，坐視大企業變得越來越強越大，讓他們的超級市場和商店堅持只賣便宜的食品，這種國家，其農業發展不會是健全的。

我們必須更加嚴肅地對待食物，不應將其視為待解決的技術問題，而是將食物本身當作一件重要的、可以令我們生活變豐富的事。我們需要考慮食物是如何生產出來，還有我們的選擇將會如何對某地方的田地發揮影響。我們都必須對新式企業化的農業負責：若放任其實現、壯大，那是因為我們自認為需要它所承諾的那種未來。如今，如果我們想要一個不一樣的未來，就必須做出一些困難的決定，方能實現此一目標。

我們花太多時間傾聽經濟學家的訓話了。他們主張，世人不需念茲在茲都是在地食品，因為如今的全球供應鏈十分安全。然而，就算這種可疑的論點正確無誤（世局比他們所評估的要動盪得多，很容易受人為和自然危機的左右），也不能減損在地食物的重要性。

我們需要在地農業，目的在於了解它並與之互動，使其符合我們的價值觀。這就意味，我們的營養來源有很大一部分應在本地生產，以便我們可以親眼目睹、參與其中，同時在必要時提出質疑並加以鞭策。

食物生產這事太重要了，以至於無法視而不見或是掉以輕心。來自全球遙遠地區的匿源食品很少受到有關福利、環境或衛生法規的限制，而其生產條件也常不符合我們

---

20 西方經濟學用語。通常是指能為絕大多數人共同消費或享用的產品或服務，如國防、公安、司法等方面所具有的財物和勞務，以及義務教育、公共福利事業等。

的價值觀。我們已經習慣疏遠田地以及餵飽我們的人，以至於忘記從歷史的角度來審視這怪異的現象。

大家不該對養育我們的田地感到陌生。對於我們而言，遠離土壤、天候以及圍繞著我們的艱難現實並非好事。證據表明，人們若能行事體力勞動、度過一段戶外時光並與大自然界接觸，身心會更健康。事實證明，現代人希望擺脫與土地相關的基本問題與勞作，然而此舉正好與我們真正需要的東西背道而馳。

我們必須將非以永續性方法生產的食物趕出店鋪和市場。不能任它削弱對大自然有益的、講求福祉的農業。我們必須繼續在英國本土生產大量的食物，以避免從諸如美國中西部那些貧乏的、遭破壞的土地進口更多食品，也不應該從印尼和亞馬遜等地原始生態系統被剷除後的土地採購食品。在那樣的地區，農業受到法規的管制比較少，何況我們的監督也鞭長莫及。

關鍵點是，世人需要能夠更理想地平衡這些有著複雜需求的農場和野生生態。過去半個世紀以來，我們持續使用一些技術工具來改造農業，如今應該逐步加以限制，以求恢復基於混合耕種和輪作方式的農法。假以時日，如能漸漸摒棄化石燃料製成的化學品，那麼無須敦促農民，他們自己便會回歸混合和輪作的農法。如能促進農場多樣化棲息地的形成，鼓勵輪牧制度與其他模仿自然過程的做法，將會改變英國的鄉村。我們不需要政府對農場進行微觀管理（這種失敗前車可鑑，且有很長一段歷史，例如前蘇聯便是），只需要為農人建構正確的體系，讓他們以切實可行的步驟加以執行即可。

農民與社會之間的古老社會契約如今已瀕臨破裂。我們需要一種新的協議、新的理解、新的制度，以便讓農業與生態和諧地融合在一起。為達此一目標，我們需要對話、實事求是，同時相互信任，並且改變自己（身為農民又身為消費者）的行為，願意為食物與健全的農業支付實際價格（透過商店或透過稅金制度），以讓情況達到應有的水準。

某些解決方案規模較小而且只取決於個人，但其他解決方案則有賴於重大之政治與結構的變革。我們必須讓數以百萬計的人民發揮自己的政治力量，以便推行一種政策，並讓大家看清：土地以及在土地上發生的一切事，全都是建設一個更加公正、合宜國家的關鍵。

§

回到家時，原本坐在四輪摩托車前座的湯姆已在我的膝蓋上、我的懷抱中沉沉睡去了。海倫走出屋子，翻了個白眼。她幫我把湯姆抱起來，帶進屋裡。

在我們那老式的家庭裡，有很多事情是不公平的，比方因為我很少待在家裡，家事就很少插手，不過每天晚上還是由我負責帶湯姆上床睡覺。這男孩像頭小公牛，意志堅定、精力不受約束。他通常不樂意乖乖上床，總要扭著身子表示抗議。他喜歡我讀珍．皮格里姆（Jane Pilgrim）筆下黑莓農場的故事給他聽，而這些故事是我以前讀過的，也是我父親當年讀過的。

然而今晚他像悄然熄滅的一盞燈。我撫摸著他的頭髮，想知道從現在起，我們會對他產生什麼影響，我很希望自己做得夠充足。

§

我們的後代將會如何說我們？如何評斷我們？他們會站在一個枯竭的、不適生存的世界中，被今天現存之物的未來廢墟所包圍，認為我們這些祖先本來可以拯救地球，卻粗心大意、甘心淪為破壞者，或者過於自私、過於愚昧，以致始終執迷不悟？將來的人會不會認定我們這一代常把一切事情都推向極端，世界在我們的手中開始崩解，而且勇氣太弱、智慧不足，以致只能逃避責任？還是他們將會沐浴在我們種下橡樹的涼爽綠光中，並為我們感到驕傲，斷定我們是將事物從深淵中挽救回來的一代，是敢於面對自身缺陷的一代，是足以忽略彼此差異而願共同努力的一代，是明智到足以看到生活不僅止於進店購物的一代，更是能夠超越自我，建立更美好、更公正世界的一代。

我們站在十字路口，這是面對抉擇的時刻。

謹慎的賭徒不會押寶在我們的理想上，因為賠率預測我們一定失敗。別人有成千上萬的理由斷定，我們不夠壯大、不夠勇敢或是不夠明智，以致無法實現任何宏偉而理想的計畫，來阻止我們目前所進行的破壞。我們被自己享受的自由壓得喘不過氣。只要有人稍微提醒我們盡量少買東西，或者放棄任何東西，我們就會像豬被人從食槽邊推開似的放聲尖叫。人類世界通常醜陋、自私而且卑鄙，況且我們還很容易被誤導和分裂。然而，無論如何，我相信我們（就是你我）每一位都會以自己的方式去做必要的事。

§

才幾週前，我們在自家的土地種下第一萬二千株樹苗。我們農場上樹木的數量可能已成長為三倍，我們希望未來幾年能再種得更多，以便自家的土地上出現更多灌木叢和林子。我不斷地鞭策自己，至少要每天種一棵樹，直到我去世那天為止。此舉不足以造出大森林，但成果亦不容小覷。我想建立一座到處都是庇護點、陰涼處與參差地貌的農場，隨處都有將歸於塵土的落葉。我想讓自家農場更趨完善，以便越冬的鳥類可以來吃漿果和水果。這座農場無法單憑一己之力解決任何問題，這只是我們踏出第一步的小地方。然而如果我們所有人都願意每次貢獻一點，就能改變當地的景觀。

種樹能賦予你美好感受。種樹如果種得對，這份努力將會在你身後繼續發揮作用，並使世界更加豐富、美麗。種一棵樹，代表你關心自己離世後的那個世界，並且對它存有信心。這也意味你思考的廣度超越一己之外，意味你有能力想像一個高於自己壽命局限的未來，並且在乎那個未來。父親去世前還動手修補破門和壞牆，因為他在乎這個農場日後能否繼續運作，而這又關乎他那卑微的一生是否得以延續。我抱持同樣的信念，種樹也有目的。

有人說，以前的製輪匠通常以三代為一個週期，種植、砍伐和儲存蘋果木，如此一來，他們的孫子就可以動用足夠成熟的樹材與適用的乾木，從而製成所需要的堅硬輪轂。我們需要再度過起那種生活，以更謙卑的態度思考較長遠的事。也許後世的人將會拿我們現在種下的這些樹為材料做出一點什麼。

不過，我還有一個算不上壯志的心願：希望後代子孫能像先輩一樣爬樹、築窩、捕魚，並且自在遊蕩。我希望他們會喜歡自家的畜群以及我們的文化，同時珍惜野生的動植物。我厭倦了當今世界所追求的絕對與極端，厭倦它的怨氣。我們需要更多善心、妥協與平衡。

有人不斷尋找方法，設法彌合農民與生態學家之間歷來的敵意，而我們在農場上所做的每一件好事即在實踐那些方法。過去我們在農場上享有為所欲為的自由，就好像每座農場只是一座孤島，一種行業，與其他農場毫不相干，然而今天的人則認為這種觀點很有問題。在大地上挑一塊合適的田來種玉米可能不致造成土壤侵蝕的大麻煩，但如果所有田地都用來種玉米，那可能就造成生態災難了。

生態的範圍大於單一片田地或單一座農場。我們需要將許多農場和許多山谷同時納入考量。就我們對生態系統的一點了解，它涵蓋了整片大地，從海洋到山頂、從北到南、從東到西然後再向後去，包括多座農場、山谷、地區和國家，甚至包括數片大陸。

每年春天的兩個月裡，從我家橡樹傳出鳴聲的是來自非洲撒哈拉以南的杜鵑鳥。牠們需要許多安全的地方生活和覓食，在移徙過程中避開危險。燕子、雨燕、黑喉鴝、斑鶲、紅尾鴝與其他鳥類也需要相同的條件。我家農場和我一輩子不會涉足的、對其絲毫沒影響力的遙遠地方，其實維持著千絲萬縷的關係。我很歡迎整個冬季都棲息在我家樹籬中的北歐鶇和紅翼歌鶇，但是春天一到，牠們總有一天要離開，向北飛到北極苔原或是斯堪地那維亞和俄羅斯北部的森林。據說掠過我家農場的烏鴉（會啄食我家荒丘死羊身上的腐肉）有時會飛向西北，在丹麥或挪威等國家的海岸地區聚集、尋覓伴侶，同時逃避寒害的侵襲。

即使僅從小範圍的在地規模來看，野生動物也會在山谷和各區域間不停移動。令我家山谷平添一分優雅的麻鷸、蠣鷸和小辮鴴，也會在我家田地和索爾威灣以及莫克姆灣（Morecambe Bay）等有潮汐漲落的河口灘塗地之間來去。在我們農舍下方的岩石留下糞便痕跡的水獺（方言稱水獺糞為spraint）占據相當大的地盤，會在我家農場溪流的上下游之間活動，一夜之間可以往返好幾英里。在我家溪流的積水處閃著銀光的鮭魚和海鱒，其實大部分的生命旅程都在海上度過，必須不斷躲避漁船的拖網和虎鯨的大嘴。我家的小農場是大世界的一個環節。

§

我們騎著四輪摩托車抄近路穿越田野，穿越一道道門，每次都是小女兒蓓雅跳下車去將門打開。現在我們幾乎已來到山谷的底部，一束束陽光直直劃過西北方的荒丘。陰影逐漸拉長。今天我還沒有看到自家的幾頭公種羊，那是農場最有價值的一群羊。牠們是羊群新血脈的來源，我必須在夜幕降臨之前去看一眼，確定牠們安然無恙。以撒待在家裡看電視，一直看到就寢時分，而蓓雅反而求我讓她跟來。

我們朝洪氾區上的沼澤地前進。這裡的地景被刻劃出無數條小溪與古老的排水渠，並充作粗放的牧場。晚些時候的夏天裡，這片土地會深埋在及腰高、長出乳白色笑靨花的草株裡。那幾頭種羊應該出現在這裡。黎明和黃昏時分，谷底瀰漫一種原始氣息，牛和麞鹿經常在薄霧籠罩的草地上吃草，而蒼鷺則在其捕食小魚和青蛙的場所和棲息處之間來回穿梭。

幾個世紀以來，這裡施作了大量的排水工事，以使沼澤變成可用的田地，有些巨大的排水渠道深度可達八至十英尺。讓它維持乾燥是件極其費勁的事，必須集合眾人的努力才能辦到。

最後一波「改善」工事在一九八〇年代完成，當時的「水利局」利用威力強大的機具對流經我家土地的河段進行截彎取直。他們在溪流兩岸各用柱樁和木板架成一行，結果使它看起來像條小運河。一家公用事業公司僅出於對工程的熱情以及對截彎取直這神話的崇拜，便願意將大錢投在大湖區偏遠的山谷，這聽起來實在不可思議。事實上，在過去一個世紀裡，英國很難找到一塊未以某種方式加以「改善」的田地。

若要排乾這個地方，我既缺人手又缺錢，就算不缺也沒那個意願。毛茸的老母牛和赫德威克羊不需要筆直的河道或是完美的青草地。因此，由於不受任何大型總體規劃（有時是華而不實的吹擂）的制約，山谷年復一年漸漸回歸到荒野的狀態。截彎取直的河道最終侵蝕了束縛它的人工河岸，而且隨時都有潰堤的危險。水道圍板朽爛了。水道漸漸淤積，其中滿是淤泥與水草，水獺和蒼鷺在裡面捕食青蛙。

我們走進入山谷底部，只見環繞身邊的依舊是正常運作的古老景觀，至今仍生生不息、會呼吸的景觀，不過地表上留下近二十年變化的痕跡。

我看到上方坡地的古老橡樹林再度顯露生機。小梣樹在整片逐漸回歸野地的荒丘中茁壯，努力抵抗鹿的啃食。植被越變越濃密，赤楊木和荊棘叢沿著谷地溪流的兩岸向外蔓生。洪氾區大致呈現被遺棄的荒野狀態。山谷變得比我小時候更加原始、蕪亂，周圍散布的羊比當年要少很多。有些鄰人對此感到困惑或是憤怒，而另一些鄰人則在調適，設法飼養更多牛或者尋找其他謀生的方法。

我看到農民開始齊心協力，務使這個地方變得更好，找出在野溪周圍務農的方法，同時修好幾英里的樹籬，再度建起乾砌石牆，並且復原舊的石造穀倉以及田間房舍。我看到河道的圍板被拆除了，池塘被挖深了。社區共有地面上的泥炭沼澤已恢復原本的面貌。不再受人工肥料和殺蟲劑戕害的野花草地，如今滿布昆蟲、蝴蝶、飛蛾和鳥類。

而且我還目睹，社區中其他不務農的人也開始種樹並架起樹籬，或是開闢濕地，或是幫忙我們協調工作。凡此種種都得以讓不同領域的人聚在一起，往昔出現在「我們」和「他們」之間的鴻溝正逐步消失。大家都愛這個地方，因此團結在一起了。

§

有時我真不知如何評論這一切改變，因此只滿足於觀察，同時從出現的事物中學習。我還不致虛妄到自以為能回答所有問題。一如既往，眼前的景觀正被許多人和許多理念加以塑造。

儘管如此，所有這些過程都被串連起來，都與之前發生的所有事保持一貫性，比方大多數成群的綿羊仍像昔日一樣，在荒丘和牧場之間來去；比方大家一起帶著牧羊犬到公用地上工作，或是在牧羊人聚會時帶去自家的牲口並加以展示。附近幾處山谷中多的是熱心又聰明的男女青年，他們熱愛在地的傳統以及古老荒丘農場的工作。他們渴望像我一樣在這種生活方式中發揮作用，並在其中建構自己的未來。

那些死硬派、凡事講求生產效率的農人（「那樣很浪漫啦，但大家各有自己喜歡的生活方式」）或是一味推崇荒野的生態學家（「請你們通通搬走，我們寧可整片高地都被森林覆蓋」），也許始終不對這座山谷真心投以關愛，但是在我看來，如今山谷正處於理想的折衷狀況，而且隨著我們學得越來越多的新事物並找出應對挑戰的新方法，這狀況還會再進步的。我為自己的社區感到驕傲，不但因為它讓舊習保持下去，還因它不斷設法找出解決當今這時代棘手問題的新辦法。

我對於目前的農村樣貌及其居民，深具信心。

§

我騎著四輪摩托車靜靜沿著小溪旁草叢間的小徑前進，穿過一片長滿薊草的沼澤地。那幾頭公種羊站在溪岸上，頭、肩、角都清楚可見。我算了算數目，發現每一隻都健健康康。我的視線始終盯著最大、最高傲、被我們稱為「猛獸」的那隻。我們三年前買下牠，如今牠已生育出許多優良的子女。站在牠身邊的是兩年前我們以破紀錄高價購入的「絕地武士」。這兩位渾身長著長毛的紳士正在改造我家的羊群，希望將來能提升品質。這時，牠們轉身疾奔而下，跑向田野。

我們掉頭上路之際，突然瞥見堤防外閃過一個白森森鬼魅似的東西。我把引擎關掉。

時間放慢腳步。水涓涓流過黑暗水潭間的卵石上，在傍晚最後的餘暉下閃閃發亮。最大、最暗的那個水潭中可以看到成群的鯉科小魚以及小鱒，無規律地竄游著，身體擦過水面令其漾出波痕。蒼蠅輕柔的嗡嗡聲為空氣注滿了生機。

蓓雅仍坐在我前面。她穿著粉紅色T恤和短褲，兩條胖短的裸腿跨在油箱兩側。我們就這麼等著。我的手臂緊緊圍住她的腰部，讓她知道爸爸疼她，並對她的幫忙表示感謝。

她是一個充滿自信、個性獨立的女孩。她有著一張開朗的臉，面頰上有一些雀斑，腦後紮了條馬尾辮。她善良又有趣：每當她走進室內，孩子都會朝她湧去。若以成年人的標準來看，她是個不服管教、稍嫌魯莽的女孩。從小開始，她聽命以及尋求安慰的對象就一直是她的姊姊莫莉，而不是我們做父母的。她們屬於同一個小圈圈，會彼此輸誠。她還在蹣跚學步時，每當我告訴她該做什麼，她就轉頭望向姊姊，看看對方是否同意服從我。如果她自認有理，會反抗我或反抗她的母親。她和家族中的許多女性一樣，具有智慧、勇氣以及明辨是非對錯的能力。她在農場上幫助我的時候也是她最願意讓我向她表達父愛的時候。我很清楚，她暗地裡希望我會因她而感到驕傲。我當然是這樣，但我還不確定她是否明白這一點。

夕陽在草地上投下橡樹長長的陰影。白日將盡的時刻了。突然，我們看到五十英尺外的田裡那隻幽靈也似的鳥。一隻倉鴞。

牠似乎不在意我們。我女兒的身體彷彿觸電似地顫動了一下。我們靜靜坐著，看著牠飛去又飛來，就像一隻碩大的白蛾，用翅膀輕輕搧著暮光中的空氣。貓頭鷹左右來去，就像玻璃罐裡的一顆球，從這一側滾動到另一側，滑到弧線的末端時又會被重力往下拉。每當牠飛到目的地後，就會再朝反方向飛下去。這隻鳥如此細緻、嬌弱，以至於每次飛完行獵的去程弧線時，我們幾乎看不見牠。然而，在返回的過程中，牠看上去比較大，在田野中身形飽滿起來。

一隻漆黑的小嘴烏鴉（即方言所稱的dope）有意無意地想劫奪倉鴞的獵物，但兩隻鳥相碰後在空中快速翻滾一下，又各自繼續向前飛行。山谷一片闃靜，只聽見麆鹿啃食樹皮的聲音。我把女兒緊緊夾在雙膝之間。她一言不發，整個被迷住了。

我們一直嘗試在自家土地上做正確的事，而所獲得的回報便是得以享受這種時光。當然，優美的景色不能當飯吃，僅依靠它是不夠的，不過它能令生活變得更美好。鄉下人在淪為工業效率與消費主義福音的奴隸前是明白這層道理的。很高興祖父和父親曾告訴我，美好的生活與金錢或商店購物並無關聯。我越來越欣賞他們對現代世界沉迷於金錢價值的鄙視。誰都無法擺脫商業交易這個生活現實，但是可以設法重塑我們的社會，使其更加公平、合宜與友善。我討厭一九八〇年代經濟學胡謅的那一套。

在前方被銀色陰影籠罩的田野裡，倉鴞來來回回，從這一側飛到另一側。突然，牠的目光緊緊盯住獵物，並且向後收折翅膀，然後像箭一樣俯衝到草叢裡。我們屏氣凝神了幾秒鐘，但這幾秒鐘似乎沒有盡頭。最後，倉鴞從草叢中騰飛起來，不需太費勁就捕回一隻抽搐的棕色小動物，停在兩側有低矮欄杆的門前露台。我們終於可以鬆一口氣。

除此之外，沒有別的。沒有什麼比這個更高遠。沒有什麼比這些簡單的事更深刻。沒有什麼比設法在這片土地上過平凡的日子更重要。

我希望蓓雅能再活上一百年。我希望她過著充滿仁慈和喜悅的健康生活。也許等她老的時候，不論身處世界何處，她會憶起曾和父親坐在一起觀看白倉鴞獵食的光景。這是共享美感與奇妙的短暫時刻。或者在我離世很久之後，她也許會以農人的身分站在同一地點，想起父親曾盡最大的心力照顧這片土地。

這是我留給孩子的遺產。

這是我的愛。

告訴他們這片土地正發生什麼事。必須有人告訴他們……

我小時候，到處都是黃花九輪草和布穀鳥剪秋羅，荒丘岩壁的百里香上有蝴蝶停落。溪流中滿是鯉科小魚，水潭裡也都是，水椿象在水面滑行……

也許我又老又笨，但是我喜歡觀察各種東西。可是如今你再也看不到了。罪魁禍首便是人的貪婪。就是貪婪。如果大家不改變現狀，情況將會繼續惡化。

告訴他們。

道森韋特・海德農場（Dowthwaite Head Farm）

邁森・威爾（Mayson Weir）

鳴謝

這本書之得以面世，應該歸功於一大批很棒的人，因為他們令我可以實現寫作的夢想。我要向他們表達衷心的謝忱：

謝謝吉姆・基勒（Jim Gill）和聯合經紀（United Agents）公司團隊中的其他成員。感謝海倫・康福德（Helen Conford）委託我寫作本書，並擔任第一任的編輯，這對本書初期的形成甚有助益。感謝史蒂芬・麥克葛瑞斯（Stefan McGrath）、英格麗・麥茲（Ingrid Matts）、佩妮洛普・沃格勒（Penelope Vogler）、珍・羅伯遜（Jane Robertson）、海倫・伊凡斯（Helen Evans）以及企鵝出版公司所有的成員，因為他們所付出的已超出尋常的本分。

我將永遠感謝編輯克蘿・庫倫斯（Chloe Currens），這本書最後能呈現如此的風貌都要歸功於她的協助。我很幸運能遇見這麼出色的編輯，我知道她會一直為我把關，並敦促我更上層樓。我很樂意成為企鵝大家庭的一員。想當年我還是少年時，曾經對媽媽書架上的企鵝經典叢書感到驚奇，做夢也沒想到有朝一日自己的作品竟能忝列其中。

感謝所有透過我的社交媒體帳號@herdyshepherd1與我對話的人，他們各自以無數種不同的小小方法幫助我寫出本書。

感謝所有支持我寫作並親手售出拙作的書商、記者以及參加書展的人。

感謝數以百計的讀者和作家，無論你們是寫信給我還是面對面給我指教，我對各位的友善與支持都感激不盡。我還抽不出時間回覆每一封信，不過大家深刻的觀點對我來說意義十分重大。

§

務農的過程中，隨時都會遇見能教給你東西或是助你一臂之力的人。我要感謝所有這樣為我付出的人。感謝諸多朋友的支持，他們的幫助實際而且受用，比方未受邀請的遊客在尋找我的住家而向他們問路時，他們會故意指錯方向。

感謝亞倫．貝奈特（Alan Bennet），他是一位很棒的務農鄰居，我很喜歡在自家田地旁的路邊與他討論農事。謝謝彼得．萊特富特（Peter Lightfoot），他讓我能把事做對。感謝大衛．坎農（David Cannon），因為他始終那麼的紳士風範，而且更扮演好他自許的朋友角色。感謝喬・威爾（Joe Weir）在我挑選賀德威克公種羊的時候，知無不言地提供寶貴的意見。感謝理查・伍夫（Richard Woof）一切的幫助，尤其是拿電鋸來對付那些要命的樹籬。感謝克里斯・戴維遜（Chris Davidson）、德里克・威爾遜（Derek Wilson）、斯科特・威爾遜（Scott Wilson）、湯姆・布萊斯（Tom Blease）和漢娜・傑克遜（Hannah Jackson），因為我不在的時候，他們會代我處理事務。

感謝肯・史密斯（Ken Smith）在美國中西部筆直的道路上為我開車。還要感謝蕾娜（Renae）和凱文・狄澤爾（Kevin Dietzel），他們兩位提供我有關愛荷華州農業生活的精闢見解。儘管我針對該地的農業制度寫出不少批判的文字，我仍要指出，自己有幸認識許多優秀和進步的美國農人，並欽佩他們對現況做出的反擊（其實「再生農業」有許多最好的理念都是從美國傳出來的）。我也感謝青草農場（Green Pasture Farms）的格雷格・朱迪（Greg Judy），因為我從他YouTube的頻道學到很多有關土壤和放牧的知識。

過去十年中，我們的農場發生了變化，這是由於許多具備環保知識的人願意陪伴我們，並且幫助我們改變思維方式以及管理土地的辦法。露西・巴特勒（Lucy Butler）和威爾・克萊斯比（Will Cleasby）多年前從「伊甸河川信託」（Eden Rivers Trust）來到農場，那是開始改變的契機。感謝「伊甸河川信託」目前在職人員（包括伊麗莎白

（Elizabeth）、列夫（Lev）、塔妮亞（Tania）和詹妮（Jenny）」所執行的出色工作。

羅伯．狄克森（Rob Dixon）幫助我們了解自家的土地，尤其在野生植物方面，而且他也不怕手髒，協助我們修築堤防、種下仍缺少的植物苗栽，而這些苗栽在接下來的兩三年內會開始在我們的草地上開花。

卡洛琳．格林德羅德（Caroline Grindrod）向我們講解土壤和草地管理的知識，她在過去幾年中對我們農場的影響與其他人一樣大，我要在這裡向她表達誠摯的謝意。

我們和李．修菲爾德（Lee Schofield）以及英國皇家鳥類保護協會（RSPB）的其他專家交換意見，以便測試外界對我們某些意見可能產生的反應，這種探討也同時形塑了我們的思想。查理．伯瑞爾（Charlie Burrell）和伊莎貝拉．翠伊在他們的克內普城堡（Knepp Castle）所進行的改革，也影響了我們對自家農場的看法，何況他們又那麼親切地接待我們，不吝為我們指點迷津。凱因．斯克林傑（Cain Scrimgeour）和希瑟．路易絲．德維（Heather-Louise Devey）幫助我們更深入地了解飛蛾和蝙蝠的生態，並以嶄新的視角使野生動植物變得引人入勝。感謝貝基．威爾遜（Becky Wilson）幫我們做了碳審計和多項土壤測試，並據此熱心地為我們提供實用的建議。感謝「林地信託基金會」（Woodland Trust）以提供樹苗的方式支持我們。感謝所有捐錢給目標在於改善山谷環境之各項計畫的人，尤其是布雷（Bray）一家。感謝「自然英國與環境署」（Natural

England and Environment Agency）的工作人員，他們在幕後策劃了許多好計畫。感謝保羅・亞克勒（Paul Arkle），因為在我們將自家農場改造為最理想環境的計畫中，他幫助我們辦妥一關又一關複雜的官方手續，並非常關心我們正在從事的一切。感謝詹姆斯・羅賓遜（James Robinson）針對酪農業所提供的見解，以及指出在當前制度中嘗試採用獨創性的辦法時可能面臨的挑戰。

非常感謝我的朋友丹尼・蒂斯代爾（Danny Teasdale），他一方面幫助我們更透徹地認識溪流，另一方面為我們找到改造溪流所需的經費和挖土機。丹尼是我們處處都需仰仗的、務實的環境保護主義者，如果你想幫助他在這片山谷執行保護工作，那麼請捐款給他（www.ucmcic.com）。我為我們的「友善自然農業合作夥伴」組織（Nature-Friendly Farming Partnership）感到自豪，並希望這種合作關係能不斷發展。

感謝所有義務幫忙栽種樹木和樹籬的人。

感謝我們所有的校方合作夥伴，他們一直告訴我們，能在這裡享受生活是多麼幸運，而能和別人分享這種生活又是多大的樂趣。

讀者還應該知道，我們並非多麼與眾不同：這片山谷和鄰近山谷到處都找得到優秀的務農人口，所有人都在尋找能更妥善管理自家土地的新方法，以實現食品生產和保護自然雙重目標。有很多一流的農民在乎這一點，他們開啟了我的希望。

§

以下朋友曾為我認真閱讀本書的手稿並提供有用的回饋意見：尼古拉・威爾丁（Nicola Wilding）、亞當・貝德福（Adam Bedford）、羅伯・狄克森、卡洛琳・格林德羅德、凱瑟琳・亞爾托（Kathryn Aalto）和帕垂克・霍爾登（Patrick Holden），感謝他們。也感謝珍・克拉克（Jane Clarke）閱讀手稿並提出精闢的意見。書中如仍存在任何錯誤（無論關於事實還是個人評斷），那都是本人的責任。

感謝馬爾科姆・麥克林（Malcolm Maclean）在我需要放空時，讓我待在他那間位於衛格（Uig）的「平房」中。

感謝瑪姬・萊爾蒙斯（Maggie Learmonth）和奧茲曼・札法爾（Ozman Zafar）成為我的好朋友，並在我需要他們的時候能陪伴我。感謝我的波蘭朋友盧卡斯（Lukasz）在天候欠佳的春天來到農場，且在不要求任何回報的情況下助我一臂之力還為我打氣。同樣感謝尼克・奧佛曼，因為他對我的工作流露敬意，而他的幽默也常令我發笑。

感謝伊安（Ian）和麗茲（Liz），每當事情變得有點棘手時，感謝他們為我們所做的一切。

感謝家母始終在一旁支持我們。

謝謝我的孩子莫莉（對我寫書一事徹底不感興趣）、蓓雅（不感興趣的程度沒那麼徹底）、以撒（自豪的啦啦隊隊長）和湯姆（光因為他，本書遲了一年方能脫稿），以及我美麗、堅韌且非常聰明的妻子海倫。我打從心底感謝妳，海倫。我很幸運能得到妳的支持，幫我做那麼多沒人會看在眼裡的瑣事，要是沒有妳在那上面的付出，我們的生活將會一團亂。在我遇到瓶頸的時候，如果妳不推我一把、讓我倚靠，這本書要完成談何容易。我愛妳。

最後，寫作這本書的靈感來自我崇敬的兩位女英雄：瑞秋・卡森與珍・雅各，她們敢於質疑自己那時代的「當紅觀點」，並反抗那些令一般人處境變糟的教條。最後的最後，我要向我的朋友溫德爾・貝瑞獻上最真誠的謝忱和敬意，因為很久以前，他就在黑暗中點亮了一條日後我們大家可以依循的道路。

國家圖書館出版品預行編目（CIP）資料

明日家園：自然生態與進步價值的衝突與共存，一個農民作家對世代及家族之愛的沉思錄
詹姆士・瑞班克斯 (James Rebanks) 著；翁尚均譯 .-- 新北市：遠足文化事業股份有限公司／潮浪文化，2021.10
面；　公分　譯自：English pastoral : an inheritance　　ISBN 978-986-06480-4-1(平裝)
1. 山地農牧 2. 自然保育 3. 生活史 4. 英國

430.9　　110012434

現場 Come 001

明日家園

自然生態與進步價值的衝突與共存，一個農民作家對世代及家族之愛的沉思錄

English pastoral : an inheritance

作者　詹姆士・瑞班克斯（James Rebanks）
譯者　翁尚均
特約編輯　吳如惠
主編　楊雅惠
校對　吳如惠、楊雅惠
視覺構成　王瓊瑤

社長　郭重興
發行人兼出版總監　曾大福
出版發行　遠足文化事業股份有限公司　潮浪文化
電子信箱　wavesbooks2020@gmail.com
粉絲團　www.facebook.com/wavesbooks
地址　23141 新北市新店區民權路 108-3 號 6 樓
電話　02-22181417
傳真　02-86672166

法律顧問　華洋法律事務所　蘇文生律師
印刷　中原造像股份有限公司
出版日期　2021 年 10 月
定價　550 元
ISBN　978-986-06480-4-1

Copyright © James Rebanks, 2020
Complex Chinese edition translated and published by Waves Press, a division of WALKERS CULTURAL ENTERPRISE, Ltd.
arranged Through Andrew Nurnberg Associates International Limited.
All rights reserved.

版權所有，侵犯必究
本書如有缺頁、破損、裝訂錯誤，請寄回更換。

本書僅代表作者言論，不代表本公司／出版集團立場及意見。
歡迎團體訂購，另有優惠，請洽業務部 02-22181417 分機 1124，1135